中华茶道

修身养性、品味人生、享受茶文化的精神内涵

李 楠／主编

辽海出版社

壹

图书在版编目（CIP）数据

中华茶道 / 李楠主编 . —沈阳：辽海出版社，2016. 6
ISBN 978-7-5451-3743-9

Ⅰ.①中… Ⅱ.①李… Ⅲ.①茶叶—文化—中国
Ⅳ.①TS971

中国版本图书馆 CIP 数据核字（2016）第 123537 号

中华茶道

责任编辑：柳海松　冷厚诚
责任校对：顾　季
装帧设计：马寄萍
出 版 者：辽海出版社
地　　址：沈阳市和平区十一纬路 29 号
邮政编码：116003
电　　话：024-23284473
E－mail：dyh550912@163.com
印 刷 者：三河市天润建兴印务有限公司印刷
发 行 者：辽海出版社
开　　本：787mm×1092mm
印　　张：80
字　　数：1600 千字
出版时间：2016 年 8 月第 1 版
印刷时间：2016 年 8 月第 1 次印刷
定　　价：498.00 元

前　言

　　"茶里乾坤大，壶中日月长。"茶文化是世界文化中的一朵奇葩。茶道，就是品茗的方法和意境，即通过饮茶以陶冶情操、修身养性，把思想升华到富有哲理的境界。一位真正的茶人，能从茶中领悟世道人心，能以清明之眼遥望人生绚烂之后的平淡，"惟宁静以致远"即是茶人所信奉之道。如果一定要为茶道下个定义的话，只能感叹："道可道，非常道；茗可茗，非常茗。"

　　茶道通过茶事创造一种宁静的氛围和空灵虚静的心境，当茶的清香静静地浸润你的心田和肺腑的时候，你的心灵便在虚静中显得空明，精神便在虚静中得以升华净化。你将在虚静中与大自然融涵玄会，达到"天人合一"的"天乐"境界。

　　茶道精神是茶文化的核心，是茶文化的灵魂。阅读本书让你领略茶的内涵，茶的灵魂，更让你体味"一饮涤昏寐，情来朗爽满天地。再饮清我神，忽如飞雨洒轻尘。三饮便得道，何须苦心破烦恼"的境界。

目　录

第一章　茶的分类与鉴赏

第二章　茶的种植技术

第三章　泡茶原理及养生泡茶法

第四章　茶道的礼仪技法

第五章　茶具搭配有技巧

第六章　小壶茶法与技巧

第七章　茶道养生的技巧

第八章　茶艺大观

第九章　茶道养生验方

第十章　茶之源

第十一章　茶之鉴

第十二章　茶之韵

第十三章　茶之风俗

第十四章　茶的保健功效

第十五章　茶的疗养之道

第十六章　千奇百怪话茶史

第十七章　品茶艺术大讲堂

第十八章　名茶冲泡技艺点拨

第十九章　谈古论今茶文化

第二十章　古道上的饮茶习俗

第二十一章　茶的分类与保健之道

第二十二章　茶叶的选购及储存之道

第二十三章　制茶工艺之道

第二十四章　茶具大观

第二十五章　唐煮宋点的茶技

第二十六章　茶的冲泡品饮和茶艺

第二十七章　茶的实用功能

第一章
茶的分类与鉴赏

茶的分类

发酵程度	茶类名称	茶名举例
不发酵 （绿茶）	绿茶 黄茶	银针绿茶：绿茶银针、君山银针 原形绿茶：六安瓜片、安吉白茶、霍山黄芽 松卷绿茶：碧螺春、径山茶、蟠毫 剑片绿茶：龙井、煎茶、竹叶青、竹茗香 条形绿茶：雨花茶、玉露、眉茶 圆珠绿茶：珠茶、虾目、绣球
部分发酵 （乌龙茶）	白茶	白茶乌龙：白毫银针、白牡丹、寿眉
	青茶	条型乌龙：清茶（包种）、大红袍、凤凰水仙 球型乌龙：冻顶、铁观音、佛手 熟火乌龙：熟火铁观音、熟火岩茶 白毫乌龙：白毫乌龙（东方美人）
全发酵 （红茶）	红茶	条形红茶：祁红、滇红、正山小种 碎形红茶：红小袋茶
后发酵 （普洱茶）	黑茶	渥堆普洱：七子饼、康砖、六堡茶
	陈放普洱	陈放普洱：青沱、青饼

　　茶的分类有因不同"目的"而做的各种分法，上表系就发酵程度与茶干色泽而作的分类，这种分类法最有助于对各类茶的整体认识。

　　上表的分类中，部分发酵茶又统称为"乌龙茶"，不发酵茶又以"绿茶"作代表，因为在国际贸易上不允许我们分得太细，否则原本不太喝茶的地区不容易弄懂，这时就简单地说：茶分为四大类——绿茶、乌龙茶、红茶与普洱茶（或说成不发酵茶、部

图1　从左至右为散茶、紧压茶、末茶。

图2　圆饼形之紧压茶。

图3　碗状之紧压茶。

图4　方砖形之紧压茶。

图5　圆球形之紧压茶。

分发酵茶、全发酵茶与后发酵茶）。等大家对茶有了初步认识后再详加细分。

　　另外一种对"茶的认识"很有帮助的分类是就外形不同而分。这种分类法将茶分成散茶、紧压茶与末茶（图1），散茶就是一朵朵茶叶或一片片茶叶各自揉捻成卷曲的样子，如目前在市面上流通的清茶、冻顶、铁观音、红茶之类。紧压茶是把茶制成后，经过加压成各种形式的块状，有圆饼形（图2）、碗状（图3）、

图6 以红茶压制成之红茶砖。

图7 以绿茶磨成的"绿茶粉"。

方砖形（图4）、圆球形（图5）等等，最常见的是后发酵的普洱茶、沱茶，另外红茶也会压成红茶砖（图6），绿茶也会压成碗状的沱茶。至于末茶是把制成的茶磨成粉状，古代曾用饼茶磨成茶粉，现代几乎只用绿茶磨成（图7）。末茶分成食品级与茶道级，前者掺于各类食品中制成如绿茶冰淇淋、绿茶蛋糕等，后者直接在茶碗内和水搅至茶水交融，液面起泡沫，然后持碗饮用或分倒入杯饮用。一般说来，茶道级总要比食品级磨得细，而且讲究原料茶的品质。

还有依采制季节而作的分类，春天采制的茶就称为"春茶"、夏天采制的茶就称为"夏茶"、秋天采制的茶就称为"秋茶"、冬天采制的茶就称为"冬茶"。这只是分类上的名词，并不代表品质的区分，因为不同的茶类适制的季节不同。这也不能作为茶的商品名称，你不能向茶行的老板说我要买春茶，他不知道要拿哪一种春天采制的茶给你。

如果就有无"熏花"或"调味"的加工过程而言，可以将茶分成"素茶"与"熏花茶"或"调味茶"。

制茶工厂还经常使用"正茶"与"副茶"的分类名词。"正茶"是主要追求的商品形态；"副茶"是生产正茶时产生的副产品，如分离枝叶时捡出的"茶枝"，制作、包装过程中产生的茶叶碎片与粉末，前者称"茶角"，后者称"茶末"。

茶名的产生

茶的名称由来有各种因缘：

a. 因产地得名：如龙井茶，因原产地在杭州龙井之故。冻顶茶，因原产地在台湾南投鹿谷乡的冻顶山。

图8　佛手的叶片特别大，树型长得茂密。

b. 因品种得名：以特殊茶树品种制成的茶，往往就以品种名称作为茶商品的名称，如铁观音、水仙、佛手（图8）、白鸡冠（图9）等。

图9　白鸡冠是因新芽呈白色，望去有如白鸡冠一般。

　　c. 因特性得名：以茶的特质为名，如清茶，因它的茶性清扬飘逸；岩茶，因茶含有砾质壤土的岩味。

　　d. 因汤色得名：如红茶，因汤色是红色的；黄茶，因汤色是浅黄色的。

　　e. 因典故得名：若该种茶的产生有其历史性的典故，则以该典故作为茶名，如大红袍。

图 10　珠茶的外形呈珠状。

图 11　眉茶的外形如眉形。

f. 因外形得名：如珠茶，因外形呈珠状（图 10）；如眉茶，外形有如眉形（图 11）。

g. 因特定人命名：如新品种台茶十二号，推时被赋予"金萱"，为俗名；台茶十三号被命名为"翠玉"。

茶之欣赏

　　茶之所以会分成那么多种类，就是因为制造中发酵、揉捻、焙火与茶青老嫩之不同造成的，但是为什么会有那么多种类的茶产生，除了地理环境造成自然的差异外，人们需求不同的口感与风味也是原因。前面茶叶制造当中所叙述的是就各种不同制法造成色香味与风格上的差异，现在就整体茶性上作一比较，且以绿茶、清茶、冻顶、铁观音、白毫乌龙、红茶、普洱作代表。

　　a. 绿茶：如婴儿，像一片秧苗，生命力很旺盛的样子。

　　b. 清茶：如少年，像一片草原，活泼有朝气。

　　c. 冻顶：如青年，像一片森林，能扛重责大任。

　　d. 铁观音：是壮年，像崇山峻岭，是阳刚茶的代表。

　　e. 白毫乌龙：是娇艳的女性，像一片玫瑰花海，是阴柔茶的代表。

　　f. 红茶：如慈祥的妈妈，有如一片秋天变红了的枫树林。

　　g. 普洱：是出家的老和尚，喝它就像走进了深山古刹。

　　接下来有七张图用来描述绿茶。绿茶金属不发酵，而且都偏嫩采，所以其间的差异只在于：

1. 杀青的方法，是以蒸汽杀青还是锅炒方式（含热风）杀青。

2. 在以嫩采为主的茶青中，其成熟度有细微差异。有些只抽芽心，有些增加两片刚要舒展的叶子，有些采到一心一叶，有些采到一心二叶，有些采到一心三叶或更多。

3. 揉捻的方式与力道的大小。这是形成绿茶不同种类的主要因素。

"蒸青绿茶"是茶类中最接近自然植物本质的茶叶，颜色最绿，喝来一股青草味。不论是磨成粉末状的绿抹茶还是保持原形的煎茶，我们以长在石头上的一片翠绿苔藓来表示它（如图12、13）。

图12、13　蒸青绿茶与长在石头上的一片翠绿苔藓。

"银针绿茶"是抽芽心制作而成，芽上覆满茸毛，杀青后没怎么揉捻就烘干制成。看来白蒙蒙的，喝来有股清淡的毫香（茸毛味道），而且比带有叶片的绿茶显得低沉。我们以带白灰色的掌状绿叶蔬菜表示它（如图14、15）。

图14、15　银针绿茶与带白灰色的掌状绿叶蔬菜。

图16、17　原型绿茶与鲜绿色的蔬菜叶子。

"原型绿茶"是除了蒸青绿茶外最接近绿色植物的茶，与银针绿茶比较，虽然它有些揉捻，但银针绿茶是芽心制成，鲜绿叶的味道还不是表现得最好，原型绿茶使用的原料已经是变成绿色的嫩叶。所以我们以鲜绿色的蔬菜叶子来代表它（如图16、17）。

图18、19　松卷绿茶与典型绿色的蔬菜叶子。

图20、21　剑片绿茶与亭立、坚实的蔬菜叶子。

"松卷绿茶"已经有了卷曲的外形，具备了绿茶较为完整的个性。不像原型绿茶那么幼嫩，所以以典型绿色的蔬菜叶子表现它（如图18、19）。

"剑片绿茶"是施以较重的压力揉捻而成，揉捻时让茶叶在热锅上面滑动（非滚动），因此形成了剑片状，这样形成的绿茶香气较高频，味道较清扬，虽然仍是绿色的蔬菜叶子，但亭立、坚实了许多，不像前面四种绿茶的娇嫩。（如图20、21）。

"条形绿茶"的成熟度一般要高一些，揉捻时与上一种茶一样都是采取来回一字形的压揉，但这回的茶叶是在热锅上滚动，所以形成圆条状，当然其圆的程度还依市场的需要有所差异。这类茶喝来强劲度要高一些，所以我们以大叶片的山芋代表它（如图22、23）。

图22、23　条形绿茶与大叶片的山芋。

传统的"圆珠绿茶"是在锅内滚动很久形成的，虽然外观看来形成珠状，但我们不说它是重揉捻，因为它细胞被揉破的程度

图 24、25　圆珠绿茶与矮树丛的硬边绿叶。

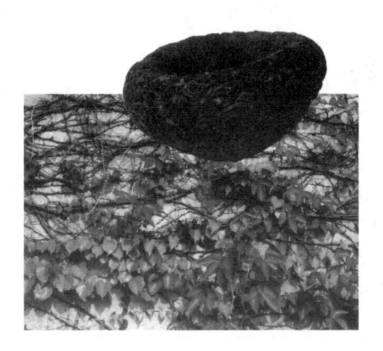

图 26、27　仅十数年陈放的普洱与绿意尚存的爬藤。

不如球型乌龙或红茶。但对追求自然植物风味的绿茶而言，已属较重揉捻的茶，风味较为低沉，强劲度也较高，所以我们以矮树丛的硬边绿叶为其代表的图片（如图24、25）。现代有将"银针绿茶"揉捻成圆球状者，若选用芽心肥壮者为原料，制成的珠粒相当硕大，味道会介乎银针绿茶与白茶乌龙之间，因为是为了外形的美观，揉捻成形的时间拖得太久，超程度的走水形成了部分白茶的风格。

　　"普洱茶"是以不发酵茶为基础，经"后发酵"形成的一种茶类。这"后发酵"可经由渥堆与陈放或经长时间的陈放达成。经"后发酵"后，虽仍保有不发酵的自然原始强劲本质，但另加进了后天岁月修炼的痕迹。如图26、27，仅是十数年的陈放；图

图28、29　二十多年陈放的普洱与绿意已逐渐被枝干的木质掩盖的爬藤。

图30、31　渥堆普洱与绿意已大部分隐藏到枝干木质后方的爬藤。

28、29 则是二十多年的陈放，绿意仍存，但枝干的木质性已逐渐掩盖了叶子的绿意，这是所谓的"陈年普洱"；另图 30、31，因为经过渥堆的强烈改造，绿意已大部分隐藏到枝干木质的后方，绿茶的余韵只有从密结若网的枝条细缝中探询，这是所谓的"渥堆普洱"。

　　接下来是"部分发酵茶"，包含了芽茶类与叶茶类，芽茶类又包括了重萎凋轻发酵的"白茶乌龙"与重萎凋重发酵的"白毫乌龙"。白茶乌龙由于是重视带白毫的芽尖，而且是重萎凋，所以是灰白的印象，而且香气显得低沉。其中的"白毫银针"产生了如芒草花般的意象，就如同图 32、33 一般。

　　另一种称为"白牡丹"的白茶乌龙，除芽尖外尚带有一二叶

图32、33　白毫银针与"芒草花"灰白的印象。

图34、35　白牡丹与秋天"枫叶"开始转黄的样子。

片，看来有点像初秋枫叶开始转黄的样子，如图34、35。至于"白毫乌龙"，由于是重发酵，所以成茶外观与茶汤都变成了橘红色，而且带有强烈的熟果香，我们以玫瑰花来代表它，如图36、37。

图36、37　白毫乌龙与玫瑰花。

其余的"部分发酵茶"都属采较成熟叶为原料制成的叶茶类，只是依揉捻的方式分成"条型乌龙"与"球型乌龙"，另有一类是在成茶后施以或多或少"焙火"的"熟火乌龙"。条型乌龙的揉捻程度较低，显现的是成熟后青年人的朝气，我们以春天的绿叶来表达，如图38、39。球型乌龙经过较重的揉捻，茶青的

图38、39　条型乌龙与春天的绿叶。

图40、41　球型乌龙与整棵的肖楠树。

成熟度也会高一些，显现的是历经风霜后的人生态度，我们以整棵的肖楠树来表达，如图40、41。至于"熟火乌龙"，则是以上述两类叶茶型乌龙茶加以焙火而成，焙得益重，茶性显得益温暖，我们拿已经变成褐色的树干来形容这类茶，如图42、43。

图42、43　熟火乌龙与褐色的树干。

与白毫乌龙相隔邻的是"红茶"，都是芽茶类，但红茶是全发酵，而且重揉捻，所以显现的性格是较为成熟的女性。如果以玫瑰花代表白毫乌龙，那就要用变红了的枫树来代表红茶了，如图44、45。

我们还常喝到熏了花的花茶，如拿绿茶与茉莉花并在一起，茶就会吸收花的香而变成"（茉莉）熏花绿茶"，我们用一张被阳光照个半透的月桃花表现它的高香与绿意，如图46、47。如果以带花香的红玫瑰与白毫乌龙或红茶并在一起，而且不将花干取出，冲泡后饮用，就如同图48、49一般香艳景象。

图44、45　红茶与变红了的枫树。

图46、47　茉莉绿茶与被阳光照个半透的月桃花。

图48、49 玫瑰红茶与艳丽的朱蕉。

　　上述这些茶性的形容与对照有助于一般人对茶叶的认识，也引导人们进入欣赏的领域，但仅能就大体而言，若制茶者并不是将某种茶做得那么典型，所显现的茶性当然就有所不同，而且各种茶性的说法都是比较性的，还得冲泡成标准茶汤才能作比较，不能拿偏淡的甲茶与偏浓的乙茶作比较。泡茶的水温也要是最适合该种茶的水温。

　　茶就是茶，所要表达的都在茶干与茶汤上，所有的形容都是多余的而且可能有误，但为协助初学者，不得不搭个桥引导大家进入品茗的领域，往后对茶的认知、体悟，都不必再受"桥"的限制。

茶之品质鉴定

鉴定或说是欣赏一壶茶，应具备下列三种心理准备：

a. 以很超然的心情来接纳各种茶，把各类茶都识为独立的个体，尊重它的风格，无好恶之心。如果有人问您：您最喜欢喝什么茶？您应该一下子答不上来才是。

b. 充分了解各类茶应有的品质特性以及能制作到多高的境界。这就必须多喝、多探访名茶，尽量让自己知道天多高、地多厚。

c. 就该壶茶的现况进行鉴定与欣赏。这里所说的现况包括采制的季节、生长的环境、制作的技术等等，而不是只看结果的高低。这项虽与上一项有点冲突，但在鉴定与欣赏的实际效益上很重要。如果是低海拔，又是夏季采制的绿茶，请您提供意见，若您竟是拿国际冠军茶的标准加以批判，这样的鉴定意义不大。不管什么场合喝到的茶都以行家的姿态指正缺失，感叹曾经沧海难为水，这样的欣赏多么狭隘！

有了以上的心理准备，让我们再看国际上鉴定茶叶品质的做法：

国际上鉴定茶叶品质设有国际标准的"鉴定杯"（图50），

图 50　评茶师与茶叶审评室。

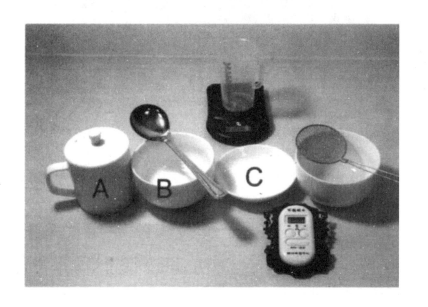

图 51　"鉴定杯组"包括冲泡盅（A）、汤碗（B）、审茶盘（C）等。

由冲泡盅、汤碗与审茶盘组合而成，全由纯白瓷制作（图 51）。冲泡盅 150cc，使用时放入 3 克茶叶，冲入滚开的热水，加盖，浸泡 5～6 分钟（"芽茶类"、轻揉"叶茶类"5 分钟，中、重揉

"叶茶类" 6 分钟），将茶汤倒入茶碗内。然后依下列项目逐一品评：

　　a. 观汤色：从汤碗观看茶汤的颜色。

　　b. 闻热香：打开"冲泡盅"的盖子，闻冲泡过后茶叶的香气（图 52），随即盖上盖子。

图 52　茶之评鉴时，从泡过的茶叶闻香气。

　　c. 评滋味：将茶汤舀一小匙（约 10cc）于小杯内（若只有一人评审，直接以汤匙饮用亦可），利用口腔品评各种滋味与溶于汤内的香气。

　　d. 闻冷香：再度闻一次"冲泡盅"内茶叶的香气，了解在温度下降后香气的变化。

　　e. 看叶底：将冲泡盅内的茶叶倒入"审茶盘"上，用手触摸或将茶叶摊开来看，深入了解各种茶况。

　　f. 看外形：将茶叶拿出，观看冲泡前"茶干"的种种状况。为什么最后才看外形？因为怕外貌的好坏影响了内质的评审，但茶的外观还是重要的，不论是市场上的行销或是享用上的效果，外形都起到很重要的作用。

茶友也可以利用评茶的要领来认识、欣赏各种茶，没有标准的"鉴定杯"亦无妨，只要找到几把大约150cc的小壶（小壶大多是这个容积），利用大杯子做汤碗，就可以自行依照上述方法操作，详加练习自己评茶的能力。若连小壶都找不到那么多把，拿一些吃饭的饭碗或汤碗也可以，饭碗、汤碗大部分的大小也是150cc，以三个作为一组，一个拿来泡茶、一个当盖子，另一个放在旁边备用。浸泡到所需时间，打开盖子，用汤匙（或漏勺）将茶叶舀到当盖子的碗上，再以备用的碗当盖子盖上这个盛叶底的碗。如此一来，放叶底的碗可以闻香，放茶汤的碗可以观汤色、品滋味，依旧可以从事比较、研究、品赏的工作。

茶人之喝茶修养

　　几位茶友一起喝茶，最常听到的对话是："这茶做得不错。""这茶苦味太重。""这茶带涩。""这茶有了焦味。"换一群朋友，听到的可能是："这是哪家的茶？怎么卖得那么贵！""这样的茶，你看可以卖多少钱？""这批茶我是一斤500元买到的，听说有的茶行卖到700元。"

　　您认为这样谈话的喝茶朋友是"爱茶的人"吗？您可能回答说"是"，因为他们对茶有深入的研究，不论是品质方面或是市场方面。您也可能回答说"不是"，因为他们根本没有把茶当作朋友，只是在批判，只是在评价。

　　我们认为所谓"爱"，应该将它视为独立的个体，尊重它的"个性"，进而客观地欣赏它、接纳它。如果喝起茶来，就像医师看到病人，一味地想找出它的毛病，或是像法官在庭上看人，一直思考着如何论断它的功过，这是谈不上"爱"的。假若您是在评茶室工作，每喝一口茶就记下品质上的优缺，或是在茶叶公司上班，为了进货不得不评定每批茶样的价格，这是工作，如此态度也就罢了，若是平常喝茶也是这样心情，是享受不到多少"品茗乐趣"的。所谓"品茗",所谓"赏茶"或"享茶",必须转换成另外一个态度,也就是要把茶当作一个"人"或是当作一件"作品"。这样的态度在人的相处上也是一样的,您要获得恋爱的快乐,您要取得夫妻的温暖,您要拥有同事间的友谊,都不能以法官、医师的心情相待。

说到这里,您或许要问:"我们要欣赏好的茶,有什么缺点难道不可以批评吗?"在喝茶的态度上,不能心存"上好的茶才值得欣赏"的念头,因为有了这个观念,您的品茗乐趣将缩得很狭小,好的茶人应该有较广的包容力,尤其在纯属茶的风格上,尽量屏除自己的好恶之心。换句话说,如果要求自己的爱人、朋友非如何如何不可,哪里有您可以爱的人,可以交的友?

茶有各种不同的风味与特性:如不发酵的绿茶像一片秧苗,极富生命力的样子;轻发酵的包种茶像一片草原,年轻有朝气;中发酵的冻顶、铁观音像一片森林,老成持重;重发酵的白毫乌龙(有人称东方美人者)像一朵玫瑰花,是娇艳的女性;全发酵的红茶像一片红色的枫树林,虽如白毫乌龙同属女性的风格,但红茶像个妈妈……从这样的角度来欣赏一壶茶,以这样尊重每种茶独特风格的态度来冲泡、来表现它,您将更有资格做茶的朋友,更有福气可以享受喝茶的乐趣。遇到苦味稍重的茶,告诉自己,这道茶就如同您那位姓李的朋友,个性强了些;喝到略有焦味的茶,告诉自己,就如同您那位姓陈的同学,为人、学问都好,就是一条腿有了缺陷。

品茗与评茶不同,评茶是为了在既有的条件下制造出最好的茶,在同样价格下选购最好的茶、在同批茶下泡出最好的茶;品茗则是与茶为友,尊重它,以超然的心情欣赏它、接纳它。这两者不相违背，具备了评茶的能力，让您在品茶上更清楚、更客观、享受更多；具备了品茶应有的修养，让您在评茶上更公平、更深入、更无好恶之心。

何谓比赛茶

茶叶的比赛分为"茶商品比赛"与"制茶比赛"。茶商品比赛是主办单位规定辖区内的居民缴交一定重量的茶叶参加比赛，挑出质优的前数名，参赛的茶叶不一定要是自己的作品，甚至于跨辖区的茶叶也不在禁止之列。制茶比赛是参赛者集中在某一制茶场，将采收的茶青平均发给大家，大家在同一环境、同一气候、同一设备之下把茶制作出来，结束后当场评鉴优劣等级（图53）。比赛进行中为避免某些人把茶青挑得很精，有所谓茶青"制成率"的控制，太低者会扣分。

图53　制茶比赛会场。

有些人批评茶比赛将茶价哄抬得很高，尤其是茶商品比赛，但茶比赛确实对茶业的振兴起了很大的作用，因为有了比赛，大家会更关心茶事，由于比赛得奖的茶叶可以卖得很好的价格，造成"喝茶高贵"的印象，这也有助于茶业、茶文化的发展。当然其副作用应该设法避免，但比赛的本身应是好的，如同运动竞赛，有时也会有赌博、打架的情事，但对促进运动的风气是功不可没的。

茶比赛得胜的作品会带动茶叶制作与消费习惯的走向，所以主办比赛的单位以及参与评审的人员必须认清自己的影响力，而以自身的学养引导大家走向茶业与茶文化健康而美好的方向，不要只是一味迎合市场的需要。

台湾茶的特色

　　茶的发展先是绿茶，直到英国加入茶叶产销，并选择红茶为发展的对象，世界的茶叶消费主流才由绿茶转为红茶。1980年后，乌龙茶开始在海峡两岸升温，如今我们已明显地体会到乌龙茶的无所不在。引起这段风潮的原点，要从台湾茶谈起。

　　台湾茶的特色可以从种类与品质两方面来看：

　　先说台湾茶的种类：除后发酵茶外，什么茶类都生产，而且都曾辉煌过。日据时代的红茶，光复后20世纪50年代到60年代的绿茶都是赚取外汇的模范生，70年代至今可以说是"乌龙茶"的时代，虽然这个阶段不再是以外销为主，但配合茶道文化的发展，将"部分发酵茶"推到了极兴盛的状况，而且从"台湾"影响到了中国大陆、日本、韩国，以至于新马、欧洲、美洲，掀起了世界性的乌龙茶热潮。这个现象从这些地区新兴的茶艺业可以看得出来，这些茶艺业是受台湾影响后的产物，而且强调卖台湾乌龙茶、喝台湾乌龙茶。

　　在台湾乌龙茶里，清茶与白毫乌龙又是台湾特有的两种茶类。世界乌龙茶主要产区原在福建、广东、广西与台湾，而这些地区所生产的乌龙茶，没有像台湾清茶（或称包种茶）发酵那么轻、焙火那么轻者，清茶表现的是年轻朝气的风格，尤其清雅的香气更具特色。另外就是白毫乌龙，其他乌龙茶产区也没有将茶发酵到这么重者，而且还要经过茶小绿叶蝉的叮咬，这种茶表现的是娇艳的女性风采，尤其是带蜜香的熟果香气更具特色。

至于冻顶、铁观音、水仙、佛手之类的乌龙茶，在其他乌龙茶区也生产，但台湾发展出自己的特色，那就是较轻发酵、较轻焙火的"清香型"与在外形上高度揉捻成的"球卷型"。这两项特色目前也随台商所及，影响到其他乌龙茶产区。

台湾乌龙茶产业的兴起也扩展了乌龙茶的产区，原本不生产乌龙茶的越南、印尼，现在已经有了广大的乌龙茶园，原本仅限于东南一角的中国大陆乌龙茶产区现在也扩大到了四川、云南等地。这种增殖的现象扩大了乌龙茶的产量，加上在外形上都走台湾球卷型的路子，有利于自动化机器装填包装成"原片型袋茶"，这是扩展乌龙茶饮用人口很重要的一环。世界各国在久饮了红茶之后，台湾带动的乌龙茶风潮将被接受，若配合海峡两岸努力推动的茶道文化，更可将人们带进另一个新的生活领域。

第二章
茶的种植技术

茶树品种

茶树有数千品种，常看到的也有四五十种，理论上是各种品种都可制成各类茶，只要制造的方法不同即可。但什么品种比较适宜制造成哪一类茶是有经验可供参考的，甚至有些品种的特质非常明显，我们就特别为它制作成一种茶，而且就以茶树品种的名称作为成品茶的商品名称，如铁观音、水仙、佛手等。

茶树品种有些是传统性品种，有些是后来改良的品种，如常听到的青心乌龙、青心大有、硬枝红心、铁观音、水仙、佛手等，都是传统的品种，阿萨姆则是移植自印度的品种。另外，为了增产、耐害、早采、质优等理由，也自行培育新品，如金萱（或说台茶12号）、翠玉（或说台茶13号）、浙农12号、福云10号等。前二项新品种可以制成冻顶，也可以制成清茶，所以不能向茶行老板说我要买金萱，"除非他知道您喝哪类茶，否则老板还要问您您要的是金萱制的冻顶还是清茶？"

有些茶树品种的叶子特别大，大到像小婴儿的手掌，我们就称它为大叶种，如阿萨姆（图1）。相对的，有些茶树品种的叶子比较小，就称为小叶种（图2）。有些茶树品种可以长得很高，属乔木型（图3），有些品种不会长得太高，属灌木型，但一般我们看到的茶园，茶树都只长到腰际的高度，那是我们故意将它们修

图1　阿萨姆种茶树。

图2　青心乌龙种茶树。

剪成的，因为这样的高度比较方便采收，如果不加以修剪，一般
灌木型的茶树可以长成半层楼的高度。茶树发源于中国的西南一

图3　乔木型野生茶树（前立者为天福茶博物院阮逸明院长）。

带，这一带至今尚有千年的老茶树，乔木型的原始茶林也分布甚广，但至今量产的茶园都已改成矮丛型。

茶树栽培

集约式的茶园耕种是先行育苗再行定植，育苗方法已从过去的播种法（有性繁殖）改为扦插育苗法（无性繁殖）（图4），以维护品种的纯正。茶树成行种植，以利人工或机械耕种与采收（图5）。

图4　扦插育苗场。

茶苗种植三年以后方可采摘茶青，太早采收将影响以后的收成，茶树枝芽被采摘后，会从侧腋再行长出新芽，就是下次采摘的对象（图6）。为使采摘面整齐，而且控制茶树高度，每季采摘后会修剪采摘面。如此一次又一次的采摘与修剪，枝芽长得愈来

图 5　茶树成行种植，以利耕种与采收。

图 6　采摘后，从侧腋再长出新芽，乃下次采摘的对象。

愈密，叶子长得愈来愈小，品质就会下降，这时补救的办法就是从根部离地不远的地方（约大约二十公分）给予砍除（即所谓之台刈）（图 7），使茶树从基部重新长出新枝，这样就有如新种的茶树一般，又可采收很长的一个周期。茶树从种植到十年左右可

图7 台刈后的茶树。

达盛产期，待产量衰退后可用台刈让其恢复，几次后茶树若已老化，就得挖掉重新种植。

茶树是长年深根作物，善加照顾是可以陪伴我们一辈子的。所谓善加照顾，包括尽量不要使用化学肥料、除草剂与农药，也就是推行所谓的永续农法，这样茶树的有效寿命才会增长，茶青品质才会良好。

季节与茶

　　一年能采制几次茶叶？因海拔高低、土壤状况、经济性需要而定，从六次到一次不等。春天采制的茶称为春茶，夏天采制的茶称为夏茶，秋天采制的茶称为秋茶，冬天采制的茶称为冬茶。春天最适宜采制不发酵茶与轻、中发酵茶，夏天最适宜采制重发酵茶与全发酵茶，秋冬较适宜采制轻、中发酵茶。

　　春天的采制季节又分为三个阶段，第一个阶段是"清明"（4月上旬）以前，是采制绿茶最好的时候，每年清明左右常见茶行门口贴着"清明前龙井上市"的广告，强调早春的绿茶已经上市。"清明"以后（第二阶段）是清茶采制的时节，"谷雨"以后（第三阶段）（阳历4月下旬，已是晚春），则是冻顶、铁观音、岩茶、水仙等采制的时候。因为叶茶类的茶需要采摘较成熟的茶青，而冻顶、铁观音、岩茶、水仙等又要比清茶成熟些（图8）。现在有些提早发芽的新品种被培育出来，所以清明左右就有冻顶等采开面叶的茶类出现。

　　但重发酵的白毫乌龙与全发酵的红茶虽属芽茶类，但因发酵重的关系，却适合于初夏时采制，因为这时候的茶青含有利于红茶、白毫乌龙的成分较多，白毫乌龙需要的茶小绿叶蝉也到这个时候才有。

　　一般说来，春天是茶叶采制最重要的季节，但有时候冬天的

图8 同是开面叶，从左算起的第一朵最嫩，第二朵比第三、第四朵嫩。

"部分发酵茶"卖得比春茶还贵，这是因为冬茶产量较少，且这时的水分较少，香气常有极佳的表现之故。但应该在春天采制的茶，如绿茶等不发酵茶，如清茶、冻顶、铁观音等轻中发酵茶，若于夏季采制，品质就会降得很多，价格也不及春茶的一半；应该在夏天采制的茶，如白毫乌龙、红茶等重发酵、全发酵的茶，若在其他季节采制，品质与价格也会相去甚远。

地理环境

茶青品质受茶树生长环境影响很大，适合高品质茶青生长的地方容易生产好茶，不适合高品质茶青生成的地方就不容易生产好茶。一般说来，茶树的适生条件是长期对环境适应的结果，适生条件主要是指阳光、温度、水分、空气和土壤等条件的综合。海拔高一些往往可以生产高品质的茶青，所以喝茶界常强调"高山茶"，但以中国南部为例，800 到 1200 公尺的高度是最适宜制成高品质茶叶的环境，高度太高，由于气温太低，反不利茶青的发酵。

开发茶园，应注意环境保护与水土保持等问题，不要只为"喝好茶"而破坏了我们赖以生存的土地。茶树属深根作物，只要做好水土保持，并依土地使用的限制，是山区很好的经济作物。

高海拔的茶叶一般说来叶片厚度较低海拔的同样品种、同样其他生长环境者要厚，浸泡时的可溶物质较丰，滋味也甘醇。至于香气要依制茶技术与气候等因素而定。

采青的气候与时辰

　　天气会影响制茶的结果，连续的阴雨，茶青含水量大，不容易制成好茶，尤其是下雨时采收的所谓"雨水青"更为严重。湿度太高，水分蒸发太慢，萎凋时容易造成"积水"；湿度太低，水分蒸发太快，萎凋时容易造成"失水"。

　　茶青采收的时辰也很重要，太早采，露水未干，不好，尤其是炒青的茶类；蒸青的绿茶则较无妨。黄昏以后采收的茶青也不好，因为已没有足够的阳光与温度进行萎凋与发酵，但这点在不发酵茶上也影响较小。

肥料、化学药剂与茶青品质

本来就肥沃的土地，采收的茶青品质当然最好，采收一段时间后，应该补充养分，这时若只是施用化学肥料，慢慢地茶青的品质就会下降，即使叶子长得肥大，但内质并不佳，应该施予较接近自然生态的有机肥料，而且避免使用杀草剂，这样才能持续地力，保持茶青的品质，也才能够延长茶树的采青年限。

使用抗病虫害的化学药剂也会降低茶青的品质，使用频率愈高，品质下降的现象愈明显。利用环境的改善，加强茶树的抵抗能力是最佳的途径，这包括了上述所说的"使用接近自然生态的有机肥料""不用杀草剂"以保持土地良好的状况。

树龄与茶青品质

　　树龄与茶青品质并没有绝对的关系，只要树势强壮，茶青的品质就佳。一般所说的"年轻茶树品质较佳"是基于两个观点而言：一是年轻的茶树，其土地的地力一般说来较佳，新开垦的土地不说，即使更新后的茶园也会深耕翻土，并施予基肥，茶青品质当然不错。二是指修剪成矮树丛型的茶园（图9），一次又一次的采收与修剪，枝芽长得愈来愈密愈细，品质相对地降低，若是

图9　每季修剪成矮树丛型的茶园。

图 10　云南思茅镇沅千家寨树龄约 2500 年的野生大茶树。

不加修剪的茶树，或是修剪次数还不是很多的情况，加上土壤照顾得宜，是不会"只有年轻才好"的现象的。

　　在照顾得当的情况之下，茶树长得成熟些（如五年八年后），其茶青制成的茶更能显现其品种的特性。自然成长下的茶树是可以活上数百年的，千年以上的茶树仍然可以见到（图10）。

中国产茶概况

中国产茶区大致分布在秦岭、淮河以南，可大致分为四个茶区（图11）。

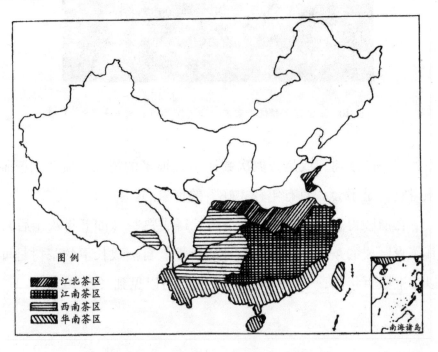

图11　中国茶区地图（转载自《中国茶经》。）

（一）江北茶区：南起长江，北至秦岭、淮河，西起大巴山，东至山东半岛，包括甘南、陕南、鄂北、豫南、皖北、苏北、鲁东南等地。是最北的茶区，以生产绿茶类为主。

（二）江南茶区：位于长江以南，大樟溪、雁石溪、梅江、连江以北，包括粤北、桂北、闽中北、湘、浙、赣、鄂南、皖南、苏南等地。是发展绿茶、乌龙茶、花茶与名特茶的地区。

（三）西南茶区：位于米仑山、大巴山以南，红水河、南盘江、盈江以北，神农架、巫山、方斗山、武陵山以西，大渡河以东的地区，包括黔、川、滇中北、藏东南。以制造红碎茶、绿茶、普洱茶、边销茶和名特茶、花茶为主。

（四）华南茶区：位于大樟溪、雁石溪、梅江、连江、浔江、红水河、南盘江、无量山、保山、盈江以南，包括闽中南、台、粤中南、海南、桂南、滇南等地。以生产红茶、普洱茶、六堡茶、大叶青、乌龙茶为主。

台湾这几年茶文化蓬勃发展后，全省各县都有茶园，而且除南投鱼池、花莲鹤岗一带还生产少量的红茶、台北三峡一带还生产少量的绿茶外，几乎全生产半发酵乌龙茶。20世纪90年代起，台湾的茶业界，包括茶农与茶商开始向海外发展，使得原本不生产乌龙茶的地区如越南、印尼、中国大陆的四川、云南等地，都种植起了台湾的质优茶树品种如青心乌龙、台茶12号、台茶13号，生产起了轻发酵、轻焙火、紧结球形的台湾风格乌龙茶。

影响成茶品质的十大因素

综合上述各章节的叙述，影响"成茶"品质的因素至少有下列十大项。这也是茶价相去那么远的原因，十大因素中每项都好的情形是不容易的，所以茶价一定高，如果十项中每项都不好，品质与茶价当然一落千丈。

（一）地理环境：适合生产高品质茶青的气候、土壤是很重要的，自古所谓"名山出名茶"指的就是培育高品质茶树的地理环境。

（二）茶树品种：茶树品种有优有劣，好的品种比较容易制造出好茶，差的品种只有在产量或易于耕种上取胜。另外，某品种适不适合制作某种类的茶也很重要，例如阿萨姆种用来制作红茶很好，拿来制成乌龙茶就不行。

（三）树龄：在修剪成矮树丛的茶园，年代久后枝芽太密太细，品质不佳，但若照顾得当，成熟一点反容易显现品种的风味，所以应视茶况与商品目的而定。

（四）施肥情形：使用接近自然生态的有机肥要比单纯使用化学肥料要好，不使用除草剂与病虫害药剂者更好，也就是近年来大家努力推广的自然农法（或称永续农法）。

（五）采摘情形：芽茶类的茶青应该以带芽心为主，叶茶类的茶青应该以开面叶为主，而且老嫩程度应力求一致。采摘的枝条断口要整齐，若将断口掐伤了，或是将皮部拉扯了下来，这样的断口会先行氧化而影响正常的发酵（图12）。茶青在采收期间的破损亦是如此。

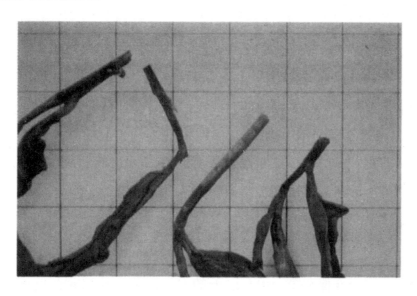

图12　茶青采摘断口的比较。右2的"梗相"最完整，其他不是被掐破，就是连皮都被拉扯了下来。

（六）季节：该春天采制的茶就要在春天采制，该夏天采制的茶就要在夏天采制，季节的不当对品质的影响极大。同样一片茶园，若没有品种上的问题，那春天采制轻发酵的茶，夏天采制重发酵的茶是可行的。

（七）气候：好的气候可以制造好的茶，不好的气候很难制成好的茶。那怎不等到好天气再行采制？因坏天气往往会一连七八天，茶青的成长不会等人，制茶界有句话：早三天采是宝，晚三天采是草。

（八）时辰：如果是采制炒青的茶类，太早采的茶青，露水未干是不好的；太晚采，已经没有阳光或足够的气温可以进行萎凋与发酵，也是制不得好茶的。所以即使同一片茶园，只是采青的时辰不对，茶青的身价就会有所不同。

（九）制造：制茶要有好的成品，大家常说要天、地、人配合，气候是"天"，地理环境是"地"，制造是"人"。有好的茶青、好的天气，制茶技术不佳也枉然。前两者的条件稍差，若有足够的制茶技术与经验，还可以设法补救。常在制茶比赛时遇到天雨，由于高手云集，制作完成后的成绩经常出乎意料的好。

（十）储存：这里所说的储存包括初制后的储存与买茶回去后的储存。初制后常态性存放数天，然后再行覆火，可稳定品质。买回去后要装在专用的罐子里，放在阴凉干燥的地方，罐子要能防潮、无杂味且不透光。湿度的掌控是存茶最重要的项目，尤其是绿茶，最好存放在有强力吸湿设备的空间里，否则就要冷冻保存。所谓冷冻保存就是0℃以下的保存，拿出使用时要等恢复到常温，擦干包装器材外表的水珠后才打开使用。

第三章
泡茶原理及养生泡茶法

泡茶原理

一、爱茶人要与茶为友

泡茶要将每种茶不同的风格表现出来，不只是自私地把它泡来喝，有了这样的心情，才有办法与茶为友，很客观地欣赏各种茶的美。

二、泡茶的多重效用

泡茶除了将茶转化成可以享用的饮料外，还可以借泡茶、喝茶的动作以及茶器、环境的搭配，表现你所要述说的意念与思想；同样地，也可以借着它达到陶冶心性的效用（图1A、1B）。

三、泡茶要从有法到无法

如何将茶泡得顺畅而优美是有方法可以遵循的，初学时老师会将一些经验与学理告诉我们，但学会后要将这些方法消化掉，转化成自己的习惯与风格，也就是所谓的从"有法"到"无法"。

学习泡茶三个月后，如果有人看你泡茶，只觉得你的泡茶规矩特多，那一定是你的"消化不良"，否则应该只感受到"优美"与你所要表现的"话题"，泡茶方法已化为无形才对，即所谓的"浑然天成"（图2）。

图1A、1B 不同的茶席设计、不同的泡茶风格，表现出茶人所要述说的意念与思想。

图2　熟悉泡茶规矩后，看到的应只是所显现的风格，而不是每个动作的手法。

图3　小壶茶的泡茶方式。

四、从小壶茶锻炼泡茶基本功

小壶茶的泡茶方式（图3），是茶道基础课程中常练习的泡茶法。小壶茶法要求的层面比较多，地区间、个人间在做法、风格上的变化也比较大。

五、一壶茶放多少茶叶

小壶茶的置茶量依茶叶外形松紧而定：非常蓬松的茶，如清茶、白毫乌龙、粗大型的碧螺春、瓜片等，放七八分满（图4）；较紧结的茶，如揉成球状的乌龙茶、条形肥大且带绒毛的白毫银针、纤细蓬松的绿茶等，放1/4壶（图5）；非常密实的茶，如剑片状的龙井、煎茶，针状的工夫红茶、玉露、眉茶，球状的珠茶，碎角状的细碎茶叶、切碎熏花的香片等，放1/5壶（图6）。

图4 蓬松的茶放七八分满，如六安瓜片。

以上的置茶量是以一壶茶冲泡五道左右而设的，如果想泡至六七道，茶量必须再增加1/3左右，否则后面几道的浸泡时间必

图5　紧结的茶放1/4壶，如铁观音。

图6　密实的茶放1/5壶，如工夫红茶。

须拉得很长，而且茶汤品质一定降得很多。相反地，如果一壶茶只准备冲泡一两道，那茶量要减少掉1/3左右，否则浪费茶叶。

六、浸泡多长时间

浸泡的时间是随"置茶量"而定的，茶叶放得多，浸泡的时间要短，茶叶放得少，时间就要拉长。可以冲泡的次数也跟着变化，浸泡的时间短，可以多泡几次，浸泡的时间长，可以冲泡的次数一定减少。

七、浸泡时间的掌控因素

依上述"置茶量"，第一泡大约浸泡一分钟可以得出适当的浓度，第二道以后要看茶叶舒展状况与品质特性增减时间，以下是几项考虑的因素：

a. 揉捻成卷曲状的茶，第二道、第三道才完全舒展开来，所以第二道浸泡时间往往需要缩短，第三道以后才逐渐增加浸泡的时间。

b. 揉捻轻、发酵少的茶，可溶物释出的速度较快，所以第三道以后浓度增加已趋缓慢，必须增加更多的时间。

c. 重萎凋、轻发酵的白茶类，如白毫银针、白牡丹，可溶物释出缓慢，浸泡时间应延长得更多。

d. 细碎茶叶可溶物释出很快，前面数道时间宜短，往后各道的时间应增加得更多。

e. 重焙火茶可溶物释出的速度较同类型茶之轻焙火者为快，故前面数道时间宜短，往后愈多道则增加愈多的时间。

八、紧压茶如何冲泡

普洱茶、沱茶等之紧压茶应视剥碎程度与压紧程度调整浸泡

图7　紧压茶在剥碎后，细碎状多时的状况。

图8　紧压茶在剥碎后，细碎状少时的状况。

图 9　紧压程度低者之茶况。

图 10　紧压程度高者之茶况。

时间：细碎多者（图7）（图8）参考上条七–d款；紧压程度低者（图9）参考上条七–a款；紧压程度高者（图10），茶叶因浸泡才逐渐松散，所以第一泡时间宜长，往后依舒展速度调整之。

九、前后泡的间隔时间也会影响泡茶

将茶汤倒出后，若相隔时间颇长（如20分钟以上），下一道浸泡的时间应斟量缩短，若属二三道，可溶物释出量正旺，缩短的幅度要加大。例如紧揉成球状的高级乌龙茶，若第一道浸泡一分钟即得所需浓度，放置20分钟后冲泡第二道，几乎无须等待，冲完水，盖上壶盖，就可以将茶汤倒出。如果前一道茶汤未完全倒干，留下来的茶汤也会影响下一道茶的浓度。

十、茶汤浓度的稳定度

练习时可于每一道茶中留下一杯茶汤，检测自己一壶茶泡了四五道以后，茶汤浓度是否控制得稳定。后面几道茶汤的颜色微微加红是正常的现象，若是同样的汤色，滋味反而会显得不足。

十一、有无最低浸泡时间

第一道浸泡的时间最好能在一分钟以上，因为茶叶各种可溶于水的成分比较有机会释出，这样得出的茶汤比较能代表该种茶的品质。如果时间太短，如三四十秒，可能只有部分的物质溶出，较难反映该种茶的真面目。二三道以后，茶叶已被泡开，较无此顾虑。

以上叙述的是在冲泡五次的标准置茶量而言，若为多泡几道而增加茶量，那第一道就不能浸泡到一分钟，而必须缩短。若因只泡一两道而少放茶叶，那第一道可能要浸泡到四五分钟以上。

十二、时间与茶量的调节

第一道浸泡的时间若是在一分钟左右，而浓度显得太高或太低怎么办？以"置茶量"来调节。这样得出来的"置茶量"在冲泡四五道后，茶叶舒展开来时还不至于挤在壶内伸展不开。茶叶挤在壶内太紧，会有闷味，影响茶汤品质。那为什么不干脆放少一点？这在"小壶茶"是不实际的，因为放太少，泡一二道就要换一次茶叶，不方便。

十三、如何计算浸泡的时间

计算茶叶浸泡的时间，可以使用向前读秒的计时器，凭直觉判断容易有误差。但盯着计时器看，好等时间一到赶快把茶倒出，也显得太不可爱了。泡茶还是要用心，时钟只是辅助的工具。

十四、泡茶需要多高的水温？

冲泡不同类型的茶需要不同的水温：

a. 低温（70℃~80℃）：用以冲泡龙井、碧螺春、煎茶等带嫩芽的绿茶类与霍山黄芽、君山银针等黄茶类。

b. 中温（80℃~90℃）：用以冲泡白毫乌龙等带嫩芽的乌龙茶，瓜片等采开面叶的绿茶，以及虽带嫩芽，但重萎凋的白茶（如白毫银针、白牡丹）。

c. 高温（90℃~100℃）：用以冲泡采开面叶为主的乌龙茶，如包种、冻顶、铁观音、水仙、武夷岩茶等，以及后发酵的普洱茶、全发酵的红茶。这三类茶中，偏嫩采者，水温要低；偏成熟者，水温要高。上述乌龙茶之焙火高者，水温要高；焙火轻者，水温要低。

十五、水温影响茶汤的特质

泡茶水温与茶汤品质有直接关系，这"关系"包括：

a. 从口感上，茶性生表现的差异：如绿茶用太高温的水冲泡，茶汤应有的鲜活感觉会降低；白毫乌龙用太高温的水冲泡，茶汤应有的娇艳、阴柔的感觉会消失；铁观音、水仙如用太低温的水冲泡，香气不扬，应有的阳刚风格表现不出来。

b. 可溶物释出率与释出速度的差异：水温高，释出率与速度都会增高，反之则减少。这个因素影响了茶汤浓度的控制，也就是等量的茶、水比例，水温高，达到所需浓度的时间短，水温低，所需时间长。

c. 苦涩味强弱的控制：水温高，苦涩味会加强，水温低，苦涩味会减弱。所以苦味太强的茶，可降低水温改善之。涩味太强的茶，除水温外，浸泡的时间也要缩短；为达所需的浓度，前者就必须增加茶量，或延长时间，后者就必须增加茶量。

十六、水需烧开再行降温吗

泡茶水温的调整是先烧到100℃再降低到所需的温度，或是需要多高的水温就烧到所需温度即可，这要依水质是否需要杀菌，或利用高温降低矿物质与杀菌剂含量而定，如果需要，先将水烧到100℃再降到所需温度，如果不需要，直接加温到所需温度即可。因为水开滚太久，水中气体含量会降低，不但口感的活性减弱，也不利茶叶香气的挥发，这就是所谓水不可烧老的道理。

十七、哪些泡茶动作会影响水温

泡茶水温还受到下列一些因素的影响：

a. 温壶与否：置茶入壶前是否将壶用热水烫过会影响泡茶用水的温度，热水倒入未温热过的茶壶，水温将降低5℃左右。所以若不实施"温壶"，水温必须提高些，或浸泡的时间延长些。

b. 温润泡与否：所谓温润泡就是第一次冲水泡茶后马上倒掉，然后再冲泡第一道（这不一定要实施），这时茶叶吸收了热度与湿度，再次冲泡时，可溶物释出的速度一定加快，所以实施温润泡的第一道茶，浸泡时间要缩短。

c. 茶叶冷藏过没有：冷藏或冷冻后的茶，若未放置至常温即行冲泡，应视茶叶的温度酌量提高水温或延长浸泡时间。

十八、如何判断水温

如何知道水的温度呢？先买支120℃的温度计，测量个五六次，以后就可以直接用感官判断了。想将茶泡好，水温的判断是很重要的。

十九、水质直接影响茶汤

泡茶用水影响茶汤的因素，除温度已于前面叙述过外，尚有四项需要补充：

1. 矿物质含量：矿物质含量太多，一般称为硬度高，泡出的茶汤颜色偏暗、香气不显、口感清爽度降低，不适宜泡茶。矿物质含量低者，一般称为软水，容易将茶的本质表现出来，是适宜泡茶的用水。但矿物质完全没有的纯水，口感不佳，也不是泡茶品饮的好水。若以"导电度"（图11）说明水中矿物质的含量，10~100度（$\mu S/cm$）是很好的状况，200度以上就嫌硬了点。降低矿物质含量可用"逆渗透"等方法处理。

2. 消毒药剂含量：若水中含有消毒药剂，如"氯"，饮用前

图 11 以"导电度"测量水的矿物质含量。

可使用活性炭将其滤掉。慢火煮开一段时间，或高温不加盖放置一段时间也可以降低其含量。明显的消毒剂直接干扰茶汤的味道与品质。

3. 空气含量：水中空气含量高者，有利茶香挥发，而且口感上的活性强。一般说"活水"益于泡茶，主要是因活水的空气含量高，又说水不可煮老，也是因为煮久了，空气含量会降低。

4. 杂质与含菌量：这两项愈少愈好，一般高密度滤水设备都可以将之隔离，含菌部分还可以利用高温的方法将之消灭。

二十、矿泉水适合泡茶吗

市面上销售的"矿泉水"与"饮用水"适不适宜泡茶？要看是属于高矿物质含量还是低矿物质含量，前者不适宜泡茶，后者可以。至于"泉水"是不是适宜泡茶，要看矿物质、杂质与含菌量而定，不是每一口泉水都有好的水质。

二十一、茶壶质地与茶汤有关吗

冲泡器如茶壶、盖碗、冲泡杯等，其质地会影响泡出茶汤的"风格"。所谓质地，主要是指"散热速度"而言，一般言之，密度高者、胎身薄者，散热速度快（即保温效果差）；密度低者（但不渗水）、胎身厚者，散热速度慢（即保温效果好）（图12）。

图12　壶身密度的高低可以用眼睛判断，右壶比左壶的质地要密实得多。

散热速度快者，泡出茶汤的香味较清扬、频率较高；散热速度慢者，泡出茶汤的香味较低沉、频率较低。这可拿同一种茶，以不同散热速度的两把壶冲泡，比较茶汤、叶底的香气得知。

一般说来，瓷器、银器比炻器、石器散热快；炻器、石器又比陶器、低硬度石器散热快。所以泡茶时，若想将某种茶表现得清扬些，就使用散热速度快一点的冲泡器；若想表现得低沉些，就使用散热速度稍慢一点的冲泡器。

冲泡器的质地还包括吸水率，吸水率太高的冲泡器不宜使用，因为泡完茶，冲泡器的胎身吸满了茶汤，放久了容易有异味，而且不卫生，所以应选用吸水率低的冲泡器。硬度低的器物并不全代表吸水率高，因为"上釉"等方法可以降低吸水率。

二十二、何谓茶汤的适当浓度

所谓适当浓度就是将该种茶的特性表现得最好的浓度，这其中尚包含其他欣赏的要素，但本节仅就浓度一项叙述之。

泡茶时若可溶物释出太少，我们称为太淡，喝来觉得水水的；若可溶物释出太多，我们称为太浓，喝来味道太重，或苦涩味太过突显。

适当的浓度是否有一定的标准？应该说有，只是并非每一个人认定的标准都一样。口味重一点的人，可能会要求浓一些，口味轻一点的人，可能会要求淡一点。但一百人之中，八九十人认为适当的浓度就是标准的浓度，国际鉴定茶的标准杯泡法就是以此原则设计而成，也就是以 3 克的茶量，冲泡 150cc 的开水（即茶为水量之 2%），浸泡 5~6 分钟得出的茶汤浓度。

茶汤有一定的标准浓度，个人对茶汤浓度的喜爱也有某些程度的差异，但我们建议爱茶人尽量往标准浓度修正，因为太浓的茶汤，有如太淡的茶汤，不易体会出细微的味道。

二十三、如何控制茶汤的浓度

如何将茶汤控制在所需的浓度，其法有：

1. 茶叶浸泡到所需的浓度后，一次将茶汤倒出。方法有三：

a. 将茶汤全倒于如"茶盅"的容器内，再持茶盅分倒入杯饮用。

b. 一次将茶汤倒于大杯子内饮用。

c. 一次将茶汤倒于数个杯子内。这时要来回倒以求茶汤浓度的平均。

2. 茶叶浸泡到所需的浓度后，将茶渣取出。方法有二：

a. 将茶叶放于可取出的内胆浸泡，至所需浓度后将内胆取出。

b. 浸泡到所需浓度后，用漏勺将茶叶舀出。

3. 将茶浸泡到超过一倍的浓度，饮用时稀释至所需的浓度。（此法即"浓缩茶的泡法"。）

4. 以"可溶物全部溶出"也不至于太浓的茶量泡茶。这时的茶量克数应是水量 cc 数的 1.5%，浸泡时间要在 10 分钟以上。此法即"含叶茶的泡法"。

二十四、茶汤浓度须力求一致吗

一壶茶的数道茶汤，其浓度应力求一致吗？这有两种不同的看法：

1. 从每一道茶都应将此时之茶表现得最好的角度看，应该尽量将每道茶汤泡至所需浓度，因为我们是将"所需浓度"定义为"此时之茶的最佳表现"。所以每道茶汤的浓度应力求一致，但品质在三五道后难免开始下降，直到饮用者认为不宜再泡为止。

2. 有人认为每道茶泡出不同的浓度与特性，正可多方面了解茶的状况。这个观点从"评茶"的角度可以说得通，但在欣赏的角度上、在与茶为友的态度上，是说不通的，因为即使"为人"，也无须在别人面前表现出各种不同的"面目"。"评茶"也只宜在特定时间为之，平时喝茶，哪能时时以"批评"的态度与茶为伍？

养生泡茶法

一、绿茶

1. 绿茶的茶性

绿茶是用茶树新梢的芽、叶、嫩茎，经过杀青、揉捻、干燥等工艺制成的茶。按照加工工艺，绿茶可分为蒸青绿茶、烘青绿茶、晒青绿茶和炒青绿茶。这四类绿茶性各异。采用蒸汽杀青制成的绿茶称蒸青。我国蒸青绿茶的代表性品种有仙人掌茶、恩施玉露、煎茶等。仙人掌茶外形片状翠绿色，茸毛披露，香清爽口。玉露茶的外形细紧似松针状，香气清高，滋味甘醇。煎茶采用一芽、二三叶鲜叶制成，外形针状但不及玉露茶细秀。

锅炒杀青后烘干的绿茶称烘青，其代表性品种有黄山毛峰、太平猴魁等。黄山毛峰芽壮似雀舌，带金黄色鱼叶，披银毫，色泽嫩绿，香高持久似白兰。猴魁茶两叶抱一芽，俗称两刀一枪，色苍绿，香高爽，回味甘，素有"猴魁两头尖，不散不翘不卷边"之说。冲泡时"头泡香高，二泡味浓，三泡四泡幽香犹存"。

锅炒杀青揉捻晒干的绿茶称晒青。晒青一般特征是色泽墨绿或墨褐，汤色橙黄，有不同程度的日晒气味。代表性品种有云南滇青和陕西的紫阳毛尖。滇青是用大叶种茶芽制成，特征是条索肥壮多毫，色泽深绿，香味较浓，收敛性强。紫阳毛尖干茶绿色，条索细紧多毫，汤清，香嫩，耐冲泡。

锅炒杀青揉捻炒干的绿茶称炒青。炒青又可细分为长炒青、圆炒青、特种炒青。最具代表性的品种有西湖龙井、湄江翠片、峨眉竹叶青、洞庭碧螺春、都匀毛尖、高桥银锋、午子仙毫、安化松针、信阳毛尖、蒙顶甘露、凤岗富硒富锌有机茶等。炒青绿茶的特性多样化，留待冲泡与欣赏中再讲。

从总体上看优质绿茶普遍具有"色绿、香幽、味醇、形美"四大特点。色绿是指茶的外观绿、汤色绿、叶底绿；香幽是指优质绿茶的香型有嫩香、毫香、鲜香、清香、花香、熟板栗香、绿豆香等，无论哪一种香型都清幽高雅；味醇是指绿茶的茶汤"啜之淡然，看似无味，而饮后感太和之气弥散于齿颊之间，此无味之味，乃至味也"；形美是指绿茶的外观虽有扁平型、螺型、针型、瓜子型、条型、珠型、片型、环型等不同的形状，但都很秀美，冲泡后的叶底都鲜嫩美观，有观赏价值。

2. 保健绿茶的代表性品种

"李杜诗篇万古传，如今已觉不新鲜。江山代有才人出，各领风骚数百年。"诗是这样，茶也是这样。随着茶树品种的更新改良和制茶工艺的进步，我国几乎每年都有一些新创名茶问世，并得到消费者的青睐。从保健养生的角度看，在绿茶类中除了西湖龙井、洞庭碧螺春、信阳毛尖、黄山毛峰、都匀毛尖等历史名茶之外，笔者认为有四个品牌的新创名茶值得推介。

（1）凤冈富硒富锌有机茶

凤冈富硒富锌有机茶是贵州省凤冈县新创的名优绿茶，也是全国唯一的集富硒、富锌、有机三位一体的天然营养保健茶。

硒是联合国卫生组织于 1973 年公布的人体必不可缺的微量元素之一。有机硒主要以硒代半胱氨酸的形式存在于氧化酶中，参与清除人体新陈代谢产生的自由基，保护细胞和心、肝、肾、肺等器官，防止 DNA 损伤，延缓人体机能衰退，从而延缓衰老。所以医学家称硒为"月光元素"、"抗癌之王"、"长寿之星"。

锌是人体内多种酶的重要构件。人体如缺锌，会导致与生育、发育相关的酶的数量减少或活性下降。儿童缺锌表现为厌食，发育迟缓，成年人缺锌表现为生育能力低下。所以锌有"生命的火花"和"夫妻和谐素"的双重美称。

凤冈地处黔北高原的富硒富锌带，这里雨量充沛，气候温和，茶区植被覆盖率高达 83% 以上，是全国著名的生态示范县，所产的有机绿茶已通过国家认证，经权威部门检测有机锌的含量为 40~100 毫克/千克；有机硒的含量为 0.25 ~ 3.50 毫克/千克，均达到保健饮品的最佳值。2004 年 10 月凤冈县被中国特产之乡组委会授予"中国富锌富硒有机茶之乡"称号。2006 年 1 月，"凤冈富锌富硒茶"通过国家质检总局评审，获得地理标志产品保护。

凤冈富硒富锌有机茶的条索肥壮秀美，汤色嫩绿，香气高雅，滋味鲜爽醇厚，回甘持久强烈，叶底均齐成朵，无论茶的色、香、味、形、韵，还是其营养保健价值，均堪称当代名茶中的新秀，目前正在开发高端市场。

（2）安吉白茶

安吉白茶属扁形烘青绿茶，又名玉蕊茶或安吉白片，为现代名茶，创制于1981年，主产于浙江省安吉县山河、章村、溪龙等乡，这里地处天目山北麓，竹木繁茂，云雾缭绕，自古宜茶。安吉白茶采摘细嫩，采回的芽叶须经过"四青处理"（筛青、簸青、拣青、摊青），然后再经过杀青、清风、压片、干燥四道工序制成。成品茶外形扁平挺直，显毫隐翠，香高持久，汤色清澈明亮，滋味鲜爽回甘，叶底为绿脉白底，十分美观。1988年获"浙江名茶"证书，1989年获农业部名茶奖，1997年获第三届农业博览会名牌产品。

安吉白茶的最大特点是茶氨酸的含量是普通绿茶的2倍左右。茶氨酸能促进人体内的脂肪代谢，有良好的美容养颜减肥等功效。

（3）峨眉山竹叶青

峨眉山竹叶青属细嫩炒青绿茶类，为新创名茶，创制于 1964
年，产于四川峨眉山。

峨眉山主峰海拔 3099 米，方圆百余平方公里内层峦叠翠，清
泉泄珠，奇花异草，秀色连云。唐代大诗人李白诗云："蜀国多
仙山，峨眉貌难匹。"自古以来有"三峨之秀甲天下"之说，
1996 年峨眉山被列入世界文化自然双遗产地，从此更加举世
闻名。

峨眉山之茶早在晋代已很有名。明太祖朱元璋赐峨眉山茶园
植茶万株供寺庙之用，使峨眉山的茶业得以发展。峨眉山之茶本
无规范名称，1964 年，陈毅元帅在峨眉山万年寺品尝峨眉茶时，

感到馨香幽雅，回味甘醇，劳倦顿消，连声赞道："好茶！好茶！"并询问寺僧："此为何茶？"寺僧说："这是峨眉土产，尚无名称。"陈毅元帅一边欣赏着杯中的茶，一边说："多像嫩竹叶啊，就叫竹叶青吧！"竹叶青用福鼎大白茶、福选9号、福选12号等无性系良种茶青为主要原料，采独芽或一芽一叶，经过摊青、杀青、做形、摊晾、分筛、回锅等工艺程序加工而成。成品茶外形扁平、挺直、光滑，汤绿、香高、味醇。1989年"竹叶青"作为商标经国家商标总局批准注册，现属四川省峨眉山竹叶青茶业有限公司独家拥有。2005年被评为国家三绿工程的十大放心品牌。

（4）午子绿茶

午子绿茶产于陕西省汉中市西乡县，因地处午子山而得名。西乡县"雨洗青山四季春"，生态环境极佳，是被誉为"东方宝石"的朱鹮的生栖地。这里所生产的绿茶具"纯绿色、全天然、无污染、富锌硒"等四大特点，是绿茶类中色、香、味、形及保健养生功效俱佳的特种名茶。

午子绿茶系列产品以21万亩无污染的科技示范茶园为基地，以陕西省午子绿茶有限责任公司为龙头，严格按照ISO9001国际质量体系、ISO14001环境管理体系标准组织生产，已通过中国国家有机食品认证机构的认证，先后荣获了"中国国际茶博会金奖"、"中国名茶"、"中国公认名牌产品"等十多项大奖。午子绿茶包括午子仙毫和午子绿茶两大类，30多个品种。无论哪一个品种，厂家都严格按照"工业化、精细化、绿色化、国际化"的理念，以及"叶叶拔萃、道道精细、永葆绿色、卓越品质"的质量方针来生产。午子绿茶近年来畅销国内外，"喝午子绿茶、品大唐文化"正在成为都市新时尚。

3. 冲泡绿茶的基本技巧

"诗写梅花月，茶煎谷雨春。"泡茶与写诗一样，都是一个艺术创作的过程。绿茶中的名茶细嫩娇贵，在冲泡时尤应百倍细心，循规蹈矩，如同写古典格律诗一般，要注重"平仄"和"韵律"，才能冲泡出如"梅花月"一样清丽高雅的好茶。冲泡和品饮绿茶一般应掌握以下四个基本技巧。

（1）精茶杯饮，粗茶壶泡

细嫩名优绿茶，一般都兼备"色、香、味、形"四大优点，为了便于充分欣赏名茶的茶姿、汤色和叶底，并且防止水温过高闷坏了茶，通常宜选用精美的透明玻璃杯来冲泡。冲泡的程序为赏茶、温杯、置茶（分为上投法、中投法、下投法，一般每杯2～3克）、冲水（一般先用回旋手法，后用凤凰三点头手法）、奉茶、续水等程序。而大宗绿茶外形粗糙，观赏价值较低，且纤维素多，比较粗老耐冲泡，所以多选用瓷壶或盖杯冲泡。

（2）外形紧结细嫩重实的可用"上投法"。茶形松展的名优绿茶一般用"中投法"或"下投法"

碧螺春、都匀毛尖等名优绿茶宜采取上投法。即先在洁净的玻璃杯中注入七分杯75℃～85℃的开水，然后用茶匙取茶2～3克投入杯中，芽叶即会以不同的优美姿态下沉。例如碧螺春一入水便会纷纷下沉，如"碧雪沉江"。沉入杯底后会向上冒出一串串细小的气泡，如"白浪喷珠"。绿色茶芽吸水后在杯中充分舒展开来，晃动杯子时如绿衣仙女翩翩起舞；静置不动时如"有位佳人，在水中央"，翘首期盼，楚楚动人。

龙井、六安瓜片、黄山毛峰、太平猴魁等比较松展或有鱼叶保护的名优绿茶宜选用中投法或下投法。中投法是指先在洁净的玻璃杯中投入2～3克干茶，然后注入约1/3容量85℃～90℃的热水，并轻轻摇动后静置1～2分钟，待干茶吸水伸展开后，再用凤凰三点头手法冲入开水至八分杯。"下投法"是指先在每一个洁净的玻璃杯中投入2～3克绿茶，然后直接冲水至七分杯。这两种投茶法，因茶先入杯，在冲水时茶叶随水浪上下翻腾，徘徊飘舞，如游鱼戏水，如绿蝶翻飞，非常美观。

（3）泡茶的水温要因茶而异，切忌闷坏了茶

同样是名贵绿茶，但不同品种的绿茶因茶性不同，所以对水温要求差别很大。冲泡碧螺春水温70℃就足够了，龙井一般要80℃～85℃，而黄山毛峰因有鱼叶保护，所以要求用100℃的沸

水冲泡。除黄山毛峰等少数品种之外,用玻璃杯冲泡绿茶一般不加盖。在日常生活中最忌用开水瓶、保温杯等器皿冲泡绿茶,这样极易闷坏了茶,使茶"熟汤失味",即茶汤失去鲜爽度和嫩香,变得苦涩沉闷。

(4)应注意续水技巧

绿茶一般只冲泡三道。女作家三毛戏称之为"第一道苦若生命,第二道甜似爱情,第三道淡如微风"。在茶艺馆中冲泡绿茶时第一冲称为"头开茶",品"头开茶"应引导客人目品"杯中茶舞",并着重引导客人细啜慢品,去品味鲜嫩的茶香和鲜爽的茶味。"头开茶"饮至尚余1/3杯时,即要及时续水到八分满。太迟续水会使"二开茶"茶汤淡而无味。品"二开茶"时,茶汤最浓,这时应注意引导客人去体会舌底涌泉、齿颊留香、满口回甘、身心舒畅的妙趣。"二开茶"饮剩小半杯时即应再次续水,一般绿茶到第三次冲水基本上都淡薄无味了,这时可佐以茶点,以增茶兴。

4. 绿茶的工夫泡法

绿茶的香气多为豆花香、板栗香,香气鲜嫩、清幽、淡雅。用传统的冲泡方法,每杯投茶2~3克,因茶汤较淡,所以不易充分享受绿茶的嫩香。近年来,嗜饮浓茶爱闻茶香的茶人,借鉴工夫茶的泡法来冲泡绿茶,取得了独到的效果。

绿茶的工夫泡法宜选用水晶玻璃同心杯,在杯中投入10~15克绿茶,然后冲入少许100℃的开水,浸润3~5秒钟即将开水倒入公道杯备用。经100℃开水的浸润后,同心杯中的绿茶即散发出浓郁的芳香，这道程序称为"高温逼香"。在高温逼香时要特别注意浸润的时间，浸润的时间不足，茶香不会充分挥发；浸润的时间太久，易烫死了茶，使后边几道泡出来的茶欠鲜爽，而且有沉闷的熟汤味。在高温逼香后，应马上传着闻香，以免茶香散失。

在闻过同心杯中的茶香后，即可向同心杯中冲入80℃左右的开水，并根据各人的口味确定出汤的时间。出汤时也是把茶汤先注入公道杯，让后一道茶汤与高温逼香时倒出的浓汤混合均匀后，再斟入白瓷品茗杯中，敬奉给客人细品。绿茶的工夫泡法可冲泡7~9道，泡出的茶汤香气浓郁、滋味浓醇、回甘强烈而持久，每一道茶汤的色、香、味都富有变化，比起常规泡法，别有一番情趣。

白茶的茶性与绿茶相似，故可用绿茶的冲泡方法来冲泡白茶。只是因为白茶未经揉捻，叶细胞没有破损且外部披满白茸毛，所以茶汁不易浸出，冲泡的时间要长一些，大约须泡5~8分钟后饮用，才能品出白茶的本色、真香、全味。

二、红茶

1. 红茶的茶性

红茶是世界上消费量最大的一种茶类，创制于福建省崇安县（今武夷山市）。公元1875年，安徽人余干臣从福建罢官回原籍经商，他途经武夷山，把红茶的加工工艺传到了安徽至德（今东至县），在尧渡街设立茶庄，试制红茶并取得了成功。1876年余干臣在祁门扩大生产，创制出了祁门红茶，随后江西、湖南、广东、福建、云南、台湾等地也都大力发展红茶生产。后来红茶的制法传到了印度和斯里兰卡等国，我国红茶在国际市场上的垄断地位逐步被印度和斯里兰卡打破。

红茶属于全发酵茶类，其特点是"红叶、红汤、红叶底"。红茶具有极好的兼容性，最适合加奶、加蜂蜜、加糖、加果汁、加柠檬，甚至加酒，调和成各种浪漫饮料。如果用民族乐器来比喻茶，绿茶如短笛，其音清丽悠扬，最宜用于表达田园牧歌情调。乌龙茶如古编钟，其音古雅而有力，自有矜持华贵的王公贵族之气。普洱茶如古琴，其音深沉、含蓄、古雅，时而志在高山，时而志在流水，引人遐思。而红茶则像是笙，其音色柔和、沉静、丰满、厚实而包容，能为一切乐器伴奏。

红茶可分为小种红茶、工夫红茶、红碎茶等三类。

小种红茶是我国最早的红茶，是福建的特产。小种红茶有正山小种和外山小种之分。产于武夷山市星村镇桐木关一带的称为正山小种。这里地势高峻，冬暖夏凉，年均气温18℃，年降雨量2000毫米左右，春夏之间终日云雾缭绕，且土质肥沃，所生产的茶叶，叶质肥厚嫩软，制成的红茶外形条索肥实，色泽乌润，泡开后汤色红艳，香气高长，滋味醇厚，带有桂圆干的汤味，加入牛奶香气不减，滋味更醇厚，混合后的液体色泽绚丽，远销欧美各国，被誉为"茶中皇后"。目前星村镇桐木关一带已被划入世界自然遗产和文化遗产地，正山小种红茶的生产规模受到严格限制，是红茶中难得的珍品。

产于其他地区的小种红茶统统称为"外山小种"或"人工小种"。

工夫红茶是在小种红茶的基础上发展起来的，始创于清光绪二年（1876年），代表性品种有祁门红茶（简称祁红）和滇红工夫红茶（简称滇红）。祁红条索紧秀，锋苗好，色泽乌润泛光，内质香气浓郁高涨，似蜜糖香，又蕴藏有兰花香，汤色红艳，滋味醇厚，回味隽永，叶底嫩软红亮。1915年在巴拿马万国商品博览会上荣获金奖，1987年在比利时布鲁塞尔举办的第26届世界优质食品评选会上再次荣获金奖。与印度大吉岭红茶、阿萨姆红茶以及斯里兰卡红茶并列为四大高香红茶。滇红色泽乌润，条索紧结肥硕，金毫特显，汤色红艳亮丽，香气鲜郁高长，滋味浓厚鲜爽，富有刺激性。

红碎茶是国际茶叶市场的大宗产品，占红茶成交量的80%以上，主要用于生产袋泡茶或生产茶饮料，在茶道养生中很少用。

2. 冲泡红茶的基本技巧

"松雨声来乳花熟，咽入香喉爽红玉。"如果说品味绿茶如同品读田园诗、山水诗，需要多一些灵感，多一些想象力，那么品饮红茶就如同在品读爱情诗，需要多一点深情，多一点温柔。被日本红茶界专家誉为"冲泡红茶第一人"的高野健次先生在谈他冲泡红茶的心得时说："23年来，不间断地与红茶朝夕相处，使我深深地体会到不管你的大脑对红茶有多么了解，你仍然无法泡出一壶好红茶来。惟有不断地去尝试，用感觉去理解，才能真正踏入红茶的国度。"他强调要想泡好红茶，不仅要多尝试，而且要"与茶叶对话"。冲泡纯红茶主要应注意以下几个问题：

（1）器皿选择

饮热的纯红茶一般宜选用精美的圆形瓷壶和细瓷杯组合，这

样的组合比较温馨并富有情趣。饮冰红茶，可用瓷壶泡后，冲入装有冰块的玻璃杯饮用。

（2）水的选择

冲泡红茶不宜选用矿泉水等硬水，应选用太空水、纯净水、蒸馏水等软水。以水中含矿物质少，含新鲜空气多者为佳。隔夜的水、二度煮沸的水、保温瓶中的水一律不适合用来泡红茶。冲泡各种红茶的水温均以初沸为最宜。

（3）投茶量以每杯（200毫克的标准杯）2.5克为宜。

用壶冲泡红茶时，茶人有一句格言："一匙给你，一匙给我，一匙喂茶壶。"每一小匙红茶约2.5克，即投茶量每一壶至少要在7.5克，如果茶叶太少，即使少冲水也无法充分发挥出红茶的香醇味。

（4）冲泡程序（以双人饮为例）

1）把新鲜纯净的水放进电随手泡加热到初沸。

2）在烧水时，把茶杯、茶壶温热。

3）用茶匙取 7．5 克红茶置入瓷壶。

4）待水初沸后一气呵成，向茶壶中冲入约 500 毫升的开水。

5）盖上壶盖，罩上保温罩后闷茶 3～4 分钟。

6）打开壶盖用茶匙轻轻搅拌后，用过滤网把茶汤分别斟入两个茶杯。

7）奉茶饮用。

3．红茶多姿多彩的冲泡方法

（1）冰红茶的泡法（二次处理法）

1）茶壶预热后投入 7．5 克红茶。

2）将 500 毫升初沸的开水一次性急剧地冲入茶壶，盖上壶盖后静置 5 分钟。

3）待壶温降到 70℃～80℃时把红茶滤到一个耐热玻璃壶内待用。

4）在另一个玻璃壶内装上七成满的碎冰块。

5）将红茶冲入装有冰块的玻璃壶内，顺时针轻轻搅动 4～5 秒即可出汤。

6）将冷却过的红茶斟入盛有碎冰块的玻璃杯中，调入适量糖汁即可饮用。

附：糖汁的制法

精制白砂糖 500 克加 360 毫升凉开水，放入榨汁机搅拌 4～5

分钟。榨出的糖水为浑浊的白色，静置半小时后，透明、清亮，糖度为30度，"不变质、宜保存"的糖汁即制成了。

（2）冰红茶的急速冷却法（ON THE ROCKS）

将加倍浓度的热红茶，直接用过滤网冲入装有六分满碎冰块的耐热玻璃杯中，然后一面轻轻搅拌使之冷却，一面不断加入冰块，待充分冷却后，再调入适量糖汁即可饮用。这种泡法因为是把泡好的浓红茶直接倒入饮用杯急速冷却，所以香气和滋味都不易逸散。

静品默赏冰红茶，香浓味永，凉爽沁心，最容易让人体会到红茶那无言的温柔。

（3）英式奶茶的配制

英式奶茶也称为"皇室奶茶"，这种奶茶的制法分为三步：

1）调制牛奶

将鲜牛奶、奶油和炼乳按6：2：5的比例混合。挤入柠檬汁，再加入香草香精或朗姆酒2~3滴，或根据各人的口味调制成不同的风味。最后把调好的奶放在小火上加热到50℃~60℃备用。

2）按本书中的方法冲泡出纯红茶。

3）将调和好的牛奶倒入已预热的茶杯中，然后冲入热红茶即可饮用。

（4）香草茶的配制

大多数香草均可与红茶相匹配，配合的比例一般为红茶80%，香草20%。在众多香草中甘菊、玫瑰花、玫瑰果、薄荷、菩提、柠檬草、百里香草、青锦葵、鼠尾草、藏红花等较常用。现以安神薄荷茶为例。

1）取干薄荷一小撮，红茶两匙一起投入茶壶，冲入350毫升沸水，闷茶5分钟。

2）在茶杯中放入鲜薄荷叶，撒上适量白糖，淋上半茶匙干红葡萄酒。

3）向杯中缓缓冲入红茶即成为有镇静功效的安神睡前茶。

（5）香料红茶的配制

食用香料一般都有开胃、养胃、健胃的功效，其中有不少香料适合与红茶匹配调制成香料茶。其中小豆蔻、丁香、肉桂、姜、肉豆蔻、黑胡椒、白胡椒、果仁等最常用。

以小豆蔻奶茶为例：

1）小锅内注入280毫升水，捣碎8~10粒小豆蔻，放入4匙红茶一起煎煮。

2）煮沸2~3分钟后倒入500毫升鲜牛奶，煮到快要沸腾时迅速关闭火源。

3）用茶滤把煮好的奶茶分别斟入预热过的茶杯，在每一杯奶茶面上轻轻放入1~2粒小豆蔻。

（注：喜爱甜茶的可在煮茶时加入适量白砂糖）

小豆蔻被誉为"香料女王"，具有馥郁的芳香，可防止口臭并生津健胃。

（6）酒茶的配制

用红茶配制酒茶常用的酒除了六大基酒（白兰地、威士忌、金酒、朗姆酒、伏特加、特其拉）之外，还常用葡萄酒、青梅酒等，以居于喜马拉雅山下雪尔帕部族爱喝的雪尔帕茶为例：

1）取几粒玫瑰香葡萄压碎，与7.5克红茶一起放入茶壶，用500毫升开水冲泡。

2）再取几粒玫瑰香葡萄对半切开，分别放入玻璃杯中，每杯淋上少许红葡萄酒。

3）将泡好的红茶用茶滤斟入玻璃杯中，再取两粒连枝的葡萄点缀在杯缘即可饮用。

冲泡红茶是一种美的创作，同时也是高雅的自娱自乐。只要你掌握了红茶的茶性，并顺应茶性大胆实践，那么每一次成功都会令你惊喜，都会让你体会到宋代诗人黄庭坚在品茶词中描述的"恰似灯下故人，万里归来对影，口不能言，心下快活自省"的境界。

三、乌龙茶

1. 乌龙茶的茶性

乌龙茶也称为青茶，从外观上看它属于叶茶类，从加工工艺看属于半发酵茶。乌龙茶具有绿茶的鲜灵清纯、红茶的醇厚甘爽、花茶的浓郁芳香，集众美于一身，自成大家气度，可谓是茶中之王。若用画来比喻茶，乌龙茶是油画，红茶是水粉画，绿茶是写意水墨画。因为乌龙茶最凝重，红茶最艳丽，而绿茶最淡雅。乌龙茶以其香型多变、韵味无穷、令人销魂的特质，正受到越来越多消费者的了解和钟爱。乌龙茶按产区分为四类，各类乌龙的风格特点各不相同，其最具代表性的品种有如下几种：

大红袍是闽北乌龙茶的代表性品种，为历史名茶，原产于福建省武夷山市风景区内九龙窠的悬崖峭壁上。大红袍母树所在地两旁岩壁高耸，太阳直射时间短，温湿的气候特别宜茶，更难得的是从悬崖上终年有清泉滴下，滋润着茶树，随泉水落下的还有落叶、苔藓等有机物，可不断地给茶树施天然有机肥。得天独厚的生态环境，使得"大红袍"臻山川精英秀气之所钟，品俱岩骨花香之胜，成为历代贡品。清代咸丰年间，在民间斗茶赛中大红袍被评为武夷四大名丛之首，尊为"武夷茶王"。乾隆皇帝在品评全国各地贡茶后赋诗曰："建城杂进土贡茶，一一有味须自领。就中武夷品最佳，气味清和兼骨鲠。"诗中所赞美的武夷茶即大红袍。如今大红袍原产地尚存六棵母树，武夷山市人民政府委托给福建省茶叶龙头企业，武夷星茶业有限公司独家管护、承制。母树所产的大红袍堪称国宝，在 2002 年广州市茶博会上，20 克的大红袍拍卖到人民币 18 万元，被广州市南海渔村酒楼购得，创下中国茶叶拍卖史上的纪录。为了确保这六棵大红袍母树不受损害，当地政府已向人民保险公司投保了 1 亿人民币。从 20 世纪 80 年代开始，当地政府组织陈德华等茶专家进行大红袍无性繁殖攻关，并取得了成功，现在纯种大红袍已能商品化生产。

铁观音是茶树品种的名称，也是商品茶的名称，是闽南乌龙茶中最有代表性的品种，创制于清乾隆年间（1723～1736年），原产于福建省安溪县西坪乡尧阳村，今已广泛引种到各地。安溪县地处福建沿海，这里群山环抱，峰峦绵延，属亚热带季风气候，民谣曰："四季有花长见雨，一冬无雪却闻雷。"相传这里所产的茶"饮山岚之气，沐日月之精，得烟霞之霭，食之能疗百病"。安溪是我国最主要的乌龙茶产区，所产乌龙茶占全国乌龙茶总产量的1/3左右，主要有铁观音、黄金桂、本山、毛蟹等四大品种，其中又以铁观音品质最优，产量最多。优质铁观音茶外观卷曲、壮结、沉重，呈青蒂绿腹蜻蜓头状，色泽润绿，素有"美如观音、重如铁"之说。开泡后汤色金黄或黄绿，艳丽清澈，叶底肥厚明亮，具有绸面光泽。据有关部门研究表明，安溪铁观音所含芳香类物质最为丰富，而且中、低沸点香气组成所占比重明显大于其他品种茶类，所以冲泡安溪铁观音时，开启杯盖立即会芬芳扑鼻、满室生香。铁观音的香气馥郁持久，有兰花香、栀子花香、桂花香等不同天然香型。其茶汤醇爽甘鲜，入口回甘带蜜味，并且带有一种若有若无的令人心醉神迷的"观音韵"。此茶一经品尝，辄难释怀，1982年被评为国优名茶。近年来，铁观音已风靡全国各地，在中外茶客眼里，铁观音几乎成为乌龙茶的代名词，不少茶人已把铁观音列入中国十大名茶。

凤凰单丛茶为历史名茶，是广东乌龙茶类最具代表性的品种，始创于明朝末年，因原产于广东潮州市潮安县凤凰镇，并经单丛采摘、单独制作而得名。凤凰镇生产的乌龙茶以凤凰水仙种的鲜叶为原料，产品分为三个品级。最普通的称为"凤凰水仙"，优质的称为"凤凰浪茶"，而用品质最优异的单株青叶，单采单制生产出来的顶级茶才称为"凤凰单丛"。

凤凰单丛与大红袍、铁观音等名茶不同，它实际上是众多品质各异的优良单株茶树所产乌龙茶的总称。已知的凤凰单丛至少有80多个品系（株系），这些不同品系的凤凰单丛的香型也各不相同，如黄枝香、桂花香、米兰香、芝兰香、茉莉香、玉兰香、杏仁香、肉桂香、夜来香、暹朴香等即所谓的"凤凰单丛十大香型"。凤凰水仙茶树为小乔木型，树高可达5~8米，树冠可达6~8米，茎粗可达30厘米以上，因树越老，根越深，吸收的矿物质等养分越多，故凤凰单丛很讲究"老树出珍品"。最名贵的称之为"宋种"，相传已有数百年树龄。

凤凰单丛有"形美、色翠、香郁、味甘"之誉，优质单丛条索较挺直，肥硕油润，汤色橙黄清澈明亮，有优雅清高的自然花香气，滋味浓郁、甘醇、爽口、回甘，有独特的山韵蜜味，极耐冲泡。1982年被评为全国名茶，其后在各种评比中屡获殊荣。

台湾乌龙茶比较复杂，大体上可分为三小类。

其一，台湾包种茶为台湾历史上的三大名茶之一，属台湾乌龙茶类，因生产地在文山故称文山包种茶。文山是古地名，包括现台北县的坪林乡、石碇乡、深坑乡，台北市的木栅、景美两区以及新店市的双溪乡。在台湾，乌龙茶可按发酵程度分为三类。茶青萎凋后，发酵程度轻（8%~10%），经炒青—揉捻—干燥等程序生产出来的轻发酵乌龙茶称为"包种"。"包种"茶又可细分为条形包种茶和半球形包种茶。包种茶有"香、浓、醇、韵、美"等五大特色。优质文山包种茶外形深绿色，有油光，带有青蛙皮一般的灰白点，干茶条索紧结，自然弯曲，有淡雅的素兰花香。开汤后，汤色金黄，芳香扑鼻，香气持久，滋味纯和清爽，回甘力强，所以 100 多年来盛誉不衰。因文山包种具有清香、清爽、清亮的风韵，所以又称"清茶"。

其二，冻顶乌龙为台湾历史名茶，创制于清代嘉庆年间（1796～1820 年），由柯朝先生将武夷山的茶种引入台湾，而后在南投县鹿谷乡得到发展。按台湾茶业界的分类方法，茶青萎凋后，发酵度达 15%～25%，再经过炒青—揉捻—初干—包揉（热包揉）—干燥等工艺程序，生产出来的乌龙茶称为中发酵茶，冻顶乌龙、高山乌龙均属这类茶。

冻顶乌龙茶有传统风味与新口味之别。传统风味的冻顶乌龙发酵程度达 28% 左右，外观色泽墨绿，汤色金黄或蜜黄，带橙红，香气以桂花香、糯米香为上乘，滋味甘醇韵浓。近十多年来，冻顶乌龙逐渐向轻发酵方向发展，一般平均发酵度仅 18% 左右，外形紧结、整齐、卷曲成球形，色泽墨绿、鲜丽带油光。茶汤颜色春茶为蜜黄色、冬茶为蜜绿色，澄清明丽，有水底光。香气比传统做法更重，花香馥郁，茶汤入口富活性，过喉甘滑，喉韵明显，因为市场销路好，如今"冻顶乌龙"早已发展到南投县以及周边的各个茶区，不再是冻顶山的特产。

其三，东方美人是享誉海内外的历史名茶，因其发酵程度达 50%～60%，所以在台湾被称为是真正的乌龙茶，原产于台北县、新竹县、桃园县、苗栗县。台湾乌龙生产期从 4 月开始至 12 月结束，分五次采制，头一次称为"春茶"，第二次称为"夏茶"，第三次称"六月白"，第四次为"秋茶"，第五次为"冬茶"。各次的茶在品质上有较大差异，一般以"夏茶"或"六月白"为最优，特别是受"小绿叶蝉"（亦称浮尘子）"危害"过的茶香气奇浓，茶味特醇，是台湾乌龙茶中的极品，卖价常高出人们的想象，所以当地客家人亦戏称之为"膨风茶"，客家话"膨风"是吹牛皮之意。

台湾乌龙茶外形优美，披满白毫，故又称"白毫乌龙"。因为成品茶的外观有红、黄、白、青、褐五种颜色，所以也称为"五色茶"。台湾乌龙茶汤呈明澈艳丽光彩照人的橙红色，滋味甘醇醉人，带有一股天然熟果的甜蜜香，入口浓厚圆柔，过喉爽滑生津，让人一啜三咏，赞叹不已，深受欧美等国上层人士的欢迎。据说英国女皇品饮后龙颜大悦，赐名为"东方美人"（Orient Beauty）。

东方美人，既可清饮，亦可做成调味茶，若在茶汤中加上一滴白兰地酒，这种素有香槟乌龙之称的名茶，就更加令人陶醉。

2. 冲泡乌龙茶的基本技巧

（1）乌龙茶的沸水冲泡法

乌龙茶是在茶叶的顶芽发育到八成舒展后，才连同2～3片嫩叶一同采摘加工而成的，所以干茶的外形条索粗壮肥厚紧实，茶叶内含有的各种营养成分较多，冲泡后香高而持久，味浓而鲜醇，回甘快而强烈。它的冲泡要领有四点：

其一是择器很讲究。要想领略乌龙茶的真香和妙韵，必须要有考究而配套的茶具。冲泡器皿最好选用宜兴紫砂壶或小盖碗（三才杯）。杯具最好用极精巧的白瓷小杯（又称若琛杯），或选用由闻香杯和品茗杯组成的对杯。选壶时要根据人数多少选择，一个人应选"得神壶"，两个人应选"得趣壶"，人多时则选较大的"得慧壶"。壶以年代久远的宜兴老壶为佳。

其二是器温和水温要双高，才能使乌龙茶的内质发挥得淋漓尽致。在开泡前先要用开水淋壶烫杯，以提高器皿的温度。

其三是冲泡用水要滚开（100℃），但却不可"过老"。唐代茶圣陆羽讲水有三沸："其沸如鱼目、微有声，为一沸；缘边如涌泉连珠，为二沸；腾波鼓浪，为三沸。"一沸之水还太嫩，用于冲泡乌龙茶劲力不足，泡出的茶香味不全。三沸的水已太老，水中溶解的氧气、二氧化碳气体已挥发殆尽，泡出的茶汤不够鲜爽。惟二沸的水称为"得一汤"。"天得一以清，地得一以宁。"用二沸的"得一汤"泡茶，才能使茶的内质美发挥到极致。

其四是热品乌龙茶应"旋冲旋啜"，即要边冲泡，边品饮。浸泡的时间过长，茶必熟汤失味且苦涩；出汤太快又色浅味薄没有韵。冲泡乌龙茶应视其品种的不同、季节气温的差异以及选用壶具的不同，来掌握出汤的时间。对于初次接触的乌龙茶，头一泡可先浸泡 1 分钟左右，然后视其茶汤的浓淡，再确定是延时还是减时。当确定了头泡的浸泡时间后，以后每一次冲泡均应延时 10 秒左右。好的乌龙茶"七泡有余香，九泡不失茶真味"。

（2）乌龙茶的冰水泡法

按照传统观念，茶要热饮。陆羽在茶经中写道："煮水一升，酌分五碗，趁热连饮之，以重浊凝其下，精英浮其上，如冷，则精英随气而竭。"大意是如果煮一升水的茶，可分为五碗，要趁热喝下去，因为重浊的成分沉在下层而茶中精英都浮在水面上，如果没有趁热喝，茶的精英都会随热气而散去。民间还有一种说法是茶性寒，冷饮会伤脾胃。从现代卫生学角度来看，这些说法都是片面的。且不说在欧美、日本等国，冷饮是他们的爱好，就是在我国，民间也素有喝凉茶的习惯。

乌龙茶中所含营养成分很多，有些要较高的水温才能大量溶出，而有些在很低的温度下即可溶解。泡冰茶所用的水温低，茶水中单宁等有苦涩味的物质溶解得很少，所以冷开水冲泡乌龙茶更加鲜爽清甘可口，只是香气和醇厚度稍差一些。泡冰乌龙茶的程序很简单。

1）备器

将一个可容1升水的白瓷茶壶洗净备用。

2）投茶

冰茶一般用于消暑，茶宜淡一些，1升容量的壶投茶10~15克即可。

3）冲水

先冲入少量温开水烫洗茶叶后把水倒掉，马上冲入冷开水，水温应低于20℃。

4）冷藏

将冲满冷开水的茶壶放入冰箱的冷藏室中存放，4个小时后即可倒出饮用。冰茶倒净后可再冲进冷开水，一般可泡至三次。

冰乌龙茶的香气淡雅悠远。这种香是"暗香浮动月黄昏"的暗香，它悄悄地沁入你的心田，可让你"衣带渐宽终不悔，为伊消得人憔悴"。这种香是"红藕花香到槛频"式的清香，纯而又纯，由不得你不心动。这种香是"零落成泥碾作尘，只有香如故"的恒久之香，一旦饮过，你便永难忘怀。

（3）乌龙茶酒的泡制法

"酒入世，茶出世"，酒的根本特性在于醉，而醉可以壮大胆气，激发傲气。人醉敢于笑傲世俗，痛饮狂歌，展现自己伟岸狂妄的人格。茶的根本特性在于醒，而醒则必然能冷静处世，敛气约性，表现出温文儒雅。所以在世人看来，茶与酒是截然不同的两种"尤物"。而在本节中，我们却要使这两个相互矛盾的尤物融合，泡制出一种新型的销魂的饮料——茶酒。下面介绍的是茶酒中的一种珍品——"观音醇"。

1）备料

优质高度白酒 500 克（以浓香型为最佳），铁观音 15 克，冰糖适量。

2）泡法

将三样原料混合后摇动数下即封存，10 天后便可开封饮用。

用这种方法泡制的"观音醇"，既消除了酒的燥性，又增添了酒的韵味，尤以香气称绝。铁观音与浓香型白酒混合酿出的香是无法形容的。这种香是"香盖法云起，花灯慧火明"式的天香，开瓶后无所不在地弥散于整个空间。这种香是"暖香惹梦鸳鸯锦"式的艳香，馥郁而销魂，所以有人形容喝了"观音醇"舌本留甘尽日，齿颊隔夜犹香。

3. 乌龙茶的品饮要领

乌龙茶不仅要注意冲泡技巧，而且要掌握品饮要领，才能领略到它那妙不可言的真趣。品饮乌龙茶的心得体会以清代大才子袁枚写得最深刻、最具体。他写道："余向不喜武夷茶，嫌其浓苦如饮药。然丙午秋，余游武夷，到曼亭峰天游寺诸处，僧道争以茶献。杯小如胡桃，壶小如香橼，每斟无一两，上口不忍遽咽，先嗅其香，再试其味，徐徐咀嚼而体贴之，果然清香扑鼻，舌有余甘。一杯之后，再试一二杯令人释躁平矜、怡情悦性。"（《中国茶经》）袁枚是浙江人，他原本最喜欢饮家乡的龙井茶而不喜武夷茶。上述这段话不仅描述了他从不爱饮武夷岩茶，到饮后怡情悦性的过程，同时也反映出了品饮乌龙茶的要领。

其一是乌龙茶一般讲究热饮，即民间所谓的"喝烧茶"。要随泡随喝才有味，稍迟喝则色、香、味、韵均大为逊色。

其二是要"先嗅其香，再试其味"。品饮乌龙茶要特别注重闻香。俗语说："女大十八变，越变越好看。"乌龙茶则是"茶香十八变，越变越好闻"。品乌龙茶闻香至少要闻三次。第一泡闻"火香"及茶香的纯度；第二泡闻显露出的茶的本香，不仅要热闻，还要冷闻，不仅要闻汤面香，还要在品了茶后闻杯底留香。只有这样才能充分领略茶香的变化；第三泡以后则是闻茶香的持久性。闻茶香是一种极雅致的享受，且有益于身心健康，在品乌龙茶时千万不可忽视了这个环节。

其三是品茶要"徐徐咀嚼而体贴之"。袁枚在这句话中，"体贴"一词用得最妙，"咀嚼"一词用得最准。"体贴"一般是对至亲的亲人而言的，品茶要"体贴之"，可见他对茶有多么深挚的感情。"咀嚼"即嚼茶，品乌龙茶时嘴中要像含着一朵小花一样，慢慢咀嚼，细细品味，才能品出茶的真味。

其四是"释躁平矜，怡情悦性"，这是精神上的升华。

只要按照袁枚的方法去实践，我们一定会从怕乌龙茶茶汤的浓苦如药，变成爱之如饮醍醐的。

四、黄茶

1. 黄茶的茶性

黄茶属于轻微发酵茶，有的茶书把它归到绿茶类。黄茶的生产加工工艺与绿茶极相似，只是比绿茶多了一道"闷黄"的工艺，使得黄茶具有"黄汤、黄叶"的品质特点。如果用矿石来比喻茶，那么绿茶如水晶般晶莹剔透；红茶如玛瑙般艳丽醉人；乌龙茶如玉石般神秘有韵味；而黄茶则像田黄石般温润亲人。黄茶依据原料的嫩度和大小，又细分为黄芽茶、黄小茶和黄大茶三类。茶艺馆中常用的是黄芽茶，其茶性与绿茶相似，

具有"清六经之火，通七窍之灵"的保健功效。

黄茶类的代表性名茶主要有君山银针和蒙顶黄芽。

君山银针为历史名茶，属黄芽茶类，由古代名茶"岳州黄翎毛"发展而成，原产于湖南省岳阳市洞庭湖中的君山岛。君山，古称小蓬莱，面积虽然仅 0.96 平方公里，但是小巧玲珑，秀美而神奇。在 800 里洞庭湖的浩渺烟波中，它时而揽一湖浩气，似幻似真，使人感到如临蓬莱仙境；时而披云湘雨，宛若一幅水墨丹青，让人觉得如品诗赏画。洞庭湖"气蒸云梦泽，波撼岳阳

城",蒸发的湖水使君山常年云蒸霞蔚,年平均轻雾日达270天。君山由72座山峰聚成,峰峰奇景灵秀,翠色连云。满山的松树、枫树、槠树、杜英、香樟等高大的乔木浓荫蔽日,桃李、枇杷等果树与茶树交相掩映,这样良好的生态环境才孕育出了品质奇特的君山银针。

君山银针以单一芽头的茶青为原料,对采青要求极严,为了防止擦伤芽头和茸毛,盛茶芽的竹篮内要衬上白布或牛皮纸,采摘的最佳季节为清明前7天至清明后10天。当地的茶农有"九不采"之说:雨天不采,有露水不采,紫色芽不采,空心芽不采,开口芽不采,风伤芽、虫伤芽不采,瘦弱芽不采,过长或过短的芽不采。不可用指甲掐采,只可拣肥壮的芽头轻轻折下。这样一限制,一名熟练的采茶女工,辛苦一整天最多也只能采到做500克成茶的原料,足见生产君山银针之不易。

君山银针的制法也极精细且别具一格,茶芽采回后先要摊青4～6小时,然后再经过杀青、摊凉、初烘、复凉、初包闷黄、复烘、再摊凉、复包闷黄、足火、拣选等十道工序,历时三昼夜才能制成。君山银针每千克约5万个芽头,条索苗壮挺直,大小长短均匀,白毫完整鲜亮,芽头金黄,故享有"金镶玉"美称。君山银针的茶汤杏黄明澈,香气含蓄清雅,口感鲜爽甘醇,品饮后令人感到心灵空明,四体通泰。1955年,君山银针在德国莱比锡国际博览会上以"茶身黄似金,茸毛白如玉"被称为"金镶玉",荣获金奖,同时赢得了"茶盖中华,价压天下"的美誉,1982年被评为全国名茶,并被不少茶人列为中国十大名茶之一。

蒙顶黄芽为恢复历史名茶,1963—1965年开始恢复批量生产,产于四川省蒙山。蒙山横跨名山、雅安两县,有上清、玉女、甘露、灵泉、菱角五座山峰，主峰上清峰海拔 1440 米，山势巍峨，高耸入云，景色壮丽。相传西汉末年，道士吴理真种七棵仙茶于上清峰，这七棵仙茶"高不盈尺，不生不灭，能治百病"。这是我国人工种茶的最早文字记载，从此蒙山之茶名扬天下。千年以来，我国茶人中一直流传着"扬子江心水，蒙山顶上茶"的说法。唐代诗人白居易《琴茶》诗云："琴里知闻惟'渌水'，茶中故旧是蒙山。"宋代诗人文同诗云："蜀土茶称圣，蒙山味独珍。"可见早在唐宋时期，蒙山茶已享誉神州。

蒙顶黄芽是在蒙山绿茶工艺基础上发展而成的创新名茶。采单芽或一芽一叶初展（俗称"鸦鹊嘴"）大小匀齐而肥壮的芽头为原料，然后再经过杀青、初包、二炒、复包、三炒、摊放、整形提毫、烘焙八道程序，精心制作而成。成品茶外形扁平挺直，嫩黄油润，全芽披毫。内质甜香浓郁，汤黄明亮，味甘而醇，叶底全芽黄亮。1993 年在曼谷——中国优质农产品展览会上获国际金奖。

2. 冲泡黄茶的基本技巧

"一瓯细啜天真味，此意难与他人言。"黄茶与绿茶的茶性相似，所以在冲泡品饮时，可参照绿茶的方法。君山银针、蒙顶黄芽、霍山黄芽等均由单芽加工制成，属于黄芽茶类，最宜用玻璃杯泡饮。沩山白毛尖、鹿苑毛尖、北港毛尖等是用一芽 1~2 叶的茶青加工而成，属于黄小茶类，亦可用玻璃杯泡饮。而广东大叶青、霍山黄大茶、皖西黄大茶等均由一芽 3~4 叶，甚至一芽 5 叶的粗大新梢加工而成，其茶形外观不雅，且冲泡时要求水温较高，保温时间较长，所以宜用瓷壶泡后，斟入茶杯再饮。

在冲泡黄芽茶时，蒙顶黄芽、霍山黄芽可用75℃～85℃的开水冲泡。君山银针虽然也是黄芽茶，但是冲泡的方法却不相同。君山银针是最具观赏价值的名茶之一，为了能充分领略它在玻璃杯中的美妙茶相，在冲泡时要用95℃以上的开水冲泡，并且在冲入开水后要立即盖上一片玻璃片。因为君山银针茶芽肥壮，茸毛厚密，如果冲泡时水温低于95℃，则茶芽很难迅速吸水竖立并下沉，而是较长时间卧浮于水面，既不美观，又影响茶艺表演的节奏。只有用95℃以上的开水冲泡并加上玻璃盖，茶芽才会在3分钟左右均匀吸水，先是竖立地悬浮在水面上层，随波晃动，如同"万笔书天"，而后徐徐下沉，但仍然直立于杯底，好似"春笋破土"。茶芽在开水冲泡后，芽尖会产生晶莹的小气泡，如"雀舌含珠"，在气泡浮力的作用下，茶芽会三浮三沉，蔚为奇观。最后开启玻璃杯盖时，可以看到一缕白雾从杯中冉冉升起，缓缓飘散消失，会使人产生"仙鹤飞天"的联想。君山银针在杯中的奇妙变幻，以及它那清幽淡雅的茶香和清醇鲜爽的茶韵都会给人带来一种空灵、清新、平和的美感，使人的精神为之升华。

五、花茶及其他茶类

1. 花茶的茶性

花茶的茶性因品种不同而异，我们分别介绍如下：

（1）湖南茉莉花茶

湖南省是我国花茶的主产省之一，所产的"猴王牌"花茶和"雄狮牌"花茶均被收录进《中国名茶志》。"猴王牌"花茶产于长沙茶厂，以湘西武陵山区所产的优质茶坯为原料，用茉莉花窨制。产品外形条索细紧，色泽绿润，匀整平伏，内质香气鲜灵，汤色黄亮，滋味浓醇甘爽，叶底柔软嫩匀，冲泡三次后仍留香齿颊。1989年获部优证书，同年荣获国家质量评比银奖，1994年荣获第五届亚太国际食品博览会银奖。

"雄狮牌"花茶，产于国营湖南省农垦茶厂，以湖南省农垦系统专业茶场的优质茶坯为原料，用茉莉花熏制，产品外形条索紧结匀称，色泽绿润，内质香气鲜灵浓郁持久，汤色黄绿明亮，滋味浓醇甘爽，饮后舌齿留香，余味悠长。1992年荣获首届中国农业博览会银奖，1994年荣获全国名优食品博览会金奖。

（2）广西茉莉花茶

广西是我国后来居上的花茶主产地，其中以横县产的最为著名。横县位于广西东南部，地处郁江中游，是祖国南疆一个美丽而富饶的大县，1978年开始引种茉莉花，并且"咬定青山不放松"，县领导换了一茬又一茬，但以花兴县的思路始终不变，经过20余年的努力，横县终于成了中国的"茉莉花都"和全国最大的花茶生产县。横县茉莉花茶的茶坯主要外购于全国各个绿茶产区，所产花茶的品质特点是：条索紧细、匀整、显毫，香气浓郁、鲜灵持久、滋味浓醇、叶底嫩匀。并且生产厂商众多，花色品种多，可选择性强，上市早，价格适宜。1990年，横县茶厂生产的金花特级茉莉花茶，在商业部主持的全国名茶评比会上被评为部优产品。1991年，在杭州举行的全国花茶评比上，"金花"牌茉莉花茶荣获国家部优产品奖。

（3）造型花茶

造型花茶是1986年由安徽省茶叶专家汪芳生创制的，目前已发展到全国不少产茶区，仅黄山芳生茶业有限公司生产的康艺名茶便有"锦上添花"、"海贝吐珠"、"孔雀开屏"、"永结同心"、"嫦娥奔月"、"双喜临门"等60多个品种。以"锦上添花"为例，这种锦上添花名茶外形全部用细嫩茶芽组成，似一顶翠绿色的小草帽，冲泡后，三朵贡菊花吸水膨胀，冲破茶芽，分三层悬浮于杯中央，每朵贡菊相距1.5厘米，悬浮时间不少于10分钟。茶芽组成的大花朵直径5.5厘米，与三朵小贡菊在碧绿明亮的茶汤中随波晃动，杯中菊香茶香相得益彰，汤色花色相映成趣，品之爽口，回味甘甜，且有散风清热、平肝明目、除烦躁、降血压等保健功能，所以深受欢迎。

（4）花草茶

花草茶眼下已发展成为广泛流行的时尚茶类。它可以用茶与花草配伍，也可以不用茶，完全用花草组合。中医历来主张"医食同源"，花草茶的魅力正在于人们可以在美的享受中，悠然自得地达到美容养颜、强身健体、延年益寿的目的。花草茶的魅力还在于每一个钟情于它的人，都可以根据自己对花草的了解以及个人的口味，把不同花草的色、香、味、形巧妙地搭配在一起，随心所欲地在茶事活动中去创造美。你还可以给自己的杰作起一个浪漫的名字，如绿森林之梦、碧泉花影、月光协奏曲、阳光花语、田园牧歌等。

2. 宜茶名花

可以用于配制花草茶的原料有很多，这里仅介绍最易与茶配伍的八大名花。

1）牡丹

牡丹是毛茛科芍药属多年生植物，以其国色天香、仙姿艳丽而被尊为"百花之王"，民间素来都称牡丹为"富贵花"。牡丹药用价值很高，花叶根皮皆可入茶。牡丹根皮中医称为"丹皮"，是名贵药材，具有清热、凉血、散瘀的功效，可治疗温热性疾病，并有镇痛、抑菌、降压作用。牡丹叶水煎剂可治疗细菌性痢疾。牡丹花瓣可食用，可酿酒，可泡茶，泡出的茶色美茶味香醇。

2）梅花

梅花是蔷薇科李属落叶乔木，二月左右开花，因其傲雪凌霜，香气高雅，深得文人喜爱。"寒夜客来茶当酒，竹炉汤沸火初红。寻常一样窗前月，才有梅花便不同。"宋代诗人程元凰的这首煮茶诗，一下子拉近了茶与梅花的距离，使人们在茶与梅之间有了更多的联想。梅花和梅果都极适配茶。梅果富含多种有机酸，性平、味酸，能入肝、脾、肺诸经，具有益气、除烦热的功效。梅花入茶清香开胃，并可活血散瘀。

3）菊花

菊花为菊科菊属多年生宿根草本植物。古人称菊为"花之隐者"。晋代陶渊明独爱菊，他的"采菊东篱下，悠然见南山"为菊花这原本艳丽多彩的名花，蒙上了一层神秘的面纱。菊花极具药用价值，《神农本草经》记载："久服利血气，轻身，耐老延年。"现代医学研究表明，菊花含有菊苷、氨基酸、胆碱，对大肠杆菌、链球菌、葡萄球菌都有杀灭作用。常饮可清热解毒，祛风明目，平肝安胃。在茶杯中放入少许绿茶，几朵贡菊，几粒枸杞，冲入开水，看着干花和茶芽在水中缓缓舒展，看着菊花在清波中悠然怒放，火红的枸杞随暗香上下浮动，闻一闻淡雅的菊香，品一口沁心的清茶，你自然会明白为什么古代医学家都认为菊花有"服之者长寿，食之者通神"的功效。

4）桂花

桂花为木犀科木犀属常绿阔叶乔木，多在中秋时节开花，花小如粟，甜香袭人，随风飘逸，虽远亦馨，所以古人赞之为"桂香醉十里，芳誉亘古今"。桂花是食品工业、饮料工业的天然原料。古人曾用桂花巧制"天香汤"，如今我们常用桂花泡制桂花茶。泡制桂花茶与用桂花窨花茶不同，泡制桂花茶是用加工好的糖溺桂花与其他花草或茶混合冲饮。常饮可开胃健脾，并使肤质白嫩，面色红润。

5）金银花

金银花是忍冬科忍冬属多年生藤本植物，夏秋间开花，伞房花序，花冠长管状，初开时洁白如玉，后逐渐变为金黄色，因为花期不同，所以同一植株上有黄白两色花，故名"金银花"，又名"鸳鸯藤"。现代医学研究认为，金银花含有木犀草黄素、肌醇、皂苷等成分，是重要的中草药，具有生津、止渴、清热、散风、消炎、杀菌、止泻等功效。对多种球菌、杆菌、病毒有抑制作用。金银花气味清香，可以代茶或配制成多种花草茶饮用。

6）月季花

月季花为蔷薇科蔷薇属落叶灌木。月季花容美艳，多姿多彩，芳香馥郁，四时常开，因花朵多数为红色，故又名月月红、长春花、四季花。月季花象征爱情，最宜赠送给恋人或恩爱夫妻，用来配制花草茶，不仅显得格外温馨浪漫，而且有较高的药用价值，具有活血、消肿、解毒等作用。在享受月季花茶的美味、美色时，最能引发人浪漫的遐想，最易使人产生无尽的回味。

7）荷花

荷花是睡莲科莲属多年生宿根水生草本植物，花有红、白、粉、紫等不同颜色。荷花"出淤泥而不染"，仙姿芳洁，清香远溢，碧叶婷婷，赏心悦目，是佛教的圣花。荷花全身是宝，荷的地下茎称为藕，无论是鲜藕还是蜜饯藕片，都是妇幼老弱的滋补佳品。荷花的种子，称为莲子，营养价值特别高，荷叶可煮粥，可入茶。荷花也具有一定的药用价值，有驻颜轻身、定喘活血之功效。荷花的雄蕊，阴干后称莲须，有清心通肾、固精气、乌须发、悦颜色的功效。用荷花配茶有无限情趣。

8）薰衣草

薰衣草为唇形科，多年生草本植物或矮灌木，是世界上有名的香料植物，全株散发浓香，无论触摸薰衣草的根、茎、叶、花、果，都会手沾浓香，经久不散。薰衣草主要用于提炼高级香精，但也有药用价值，可治疗神经性心跳、气胀、疝痛。薰衣草的品种很多，最具代表性的是英国薰衣草，这种薰衣草有爽快、可口的绝佳香味，能够缓解人精神上的压力，消除紧张情绪，配制的花草茶最宜紧张不安、心情烦躁的人饮用。在欧洲，薰衣草的香气还是纯洁的象征。

3. 花茶的冲泡技巧

现代花茶包括窨花花茶、工艺造型花茶和花草茶三类，它们的冲泡要领各有不同。花茶将茶之韵与花之香融为一体，所以冲泡花茶的基本要领是使茶尽展其神韵，使花香不散失。要做到这一点首先要先鉴赏花茶茶坯的品种及质地。用乌龙茶为茶坯窨制的花茶，宜采用乌龙茶的泡法。用红茶为茶坯窨制的花茶，主要是玫瑰红茶。玫瑰的花香甜蜜而浓郁，它与红茶的蜜糖香味或桂圆香味相配伍，两种香相互交融，相得益彰，闻之使人精神愉悦，饮之令人齿颊留芳，品饮玫瑰红茶实在是一种艺术享受，宜用精巧的"三才杯"（盖碗）来冲泡。一般的花茶多以烘青绿茶为茶坯，在冲泡时应根据茶坯的细嫩程度及条型来选择杯具及冲泡方法。高档茶坯宜用三才杯或玻璃杯泡法，用80℃~90℃的开水冲泡。中档的茶坯可选用瓷杯，用100℃的开水冲泡。低档茶或茶末（北方叫高末）一般宜选用瓷壶，用100℃开水冲泡后，再斟到茶杯里饮用。

冲泡工艺造型花茶以及以观赏为主要目的的花草茶时，最好选用透明的玻璃杯。如以保健养生为目的，冲泡花草茶时亦可选用瓷壶冲泡。这两种器皿各有优点：用玻璃杯冲泡，在品饮甘美的茶汤之前，可以先欣赏杯子里叶的舒展，花的再开，果的复苏，另外还可以自由地用花草进行造型装饰和色彩搭配，这无疑是一种日常生活中的艺术创作，能为品茗增添不少乐趣。而用瓷壶冲泡后再通过滤茶器，把茶汤斟入杯中品饮，因为瓷壶容量大，保温性能好，只要水温和出汤时间把握得当，更容易冲泡出香甜浓醇的茶汤来。

六、普洱茶

1. 普洱茶的茶性

普洱茶是各种茶类中最神奇的一族。21世纪初，在现代马帮头骡的清脆铃声中，这类神奇的茶穿越了时光隧道，带着古老的传说，带着健康的问候，甚至还带着漂洋过海的艳遇走进了大都市的上层社会，并且很快成为时尚饮品，迷倒了越来越多的人。

普洱茶的茶性很复杂，云南农业大学副教授周红杰先生认为"鉴赏普洱茶，悟道者，可以在品饮中伴随色、香、味、形的再现，从甘、滑、醇、厚、顺、柔、甜、活、亮、稠中体会人生的幸福和愉悦，从麻、叮、刺、刮、挂、酸、苦、涩、燥、干、杂、怪、异、霉、辛、浮中体会人生的曲折和艰辛"。台湾的普洱茶专家邓时海先生把普洱茶的茶性归纳为"真、陈、易是为普洱茶类的特色及内涵"。他解释说："真，是生命历程的存在实体；陈，是生命历程的时间轨迹；易，是生命历程的空间形象。"舞蹈家杨丽萍总结得最简洁而且有意境，她说普洱茶是"味觉的音乐"，"它是有韵的陈年普洱茶的气味和口感依次呈现的过程，就像一首好曲子，逶迤有致"，"味觉的音乐"，总结得太棒了！看起来无论对于哪个方面的研究都千万别小看"外行"。有了上述三位高人的概括，我深感"眼前有景道不得"，只有按照普洱茶的类型分别介绍。

（1）普洱散茶

普洱散茶是以云南一定区域内的大叶种晒青毛茶，经过后发酵制成的历史名茶。主产于西双版纳和思茅两地。西双版纳州勐海茶厂生产的"宫廷普洱茶"、"大益牌"高级普洱茶1994年曾获商业部全国优质产品称号。云南大理下关茶厂生产的"中华牌"普洱茶，云南进出口公司生产的陈香普洱茶等，也都是普洱散茶中的传统名茶。近年来，一大批现代化的普洱茶生产企业正在兴起，并相继打响了自己的品牌。例如今雨轩的"金达摩"便是名扬中外的新兴品牌。

普洱散茶按品质分为特级和 1 ~ 10 级，共十一个等级。特级普洱散茶的外形条索紧细、匀整、湿毫、匀净，内质陈香浓郁，汤色红浓明亮，滋味浓醇，叶底褐红细嫩。

（2）普洱紧压茶

普洱紧压茶是指以普洱毛茶为原料，经过筛分、拼配、渥堆、蒸压等工艺程序所生产的块状普洱茶，普洱紧压茶外形有圆饼形、沱形、砖形等多种形状和规格。

1）普洱圆茶

普洱圆茶又名七子饼茶，为大圆饼形，直径 20 厘米，中心厚 2.5 厘米，边缘厚 1 厘米，每块重 357.15 克。因为每 7 块饼装为一筒，故名"七子饼"。每 12 筒为一件，净重 30 千克，用内衬笋叶的篾箩包装，是云南的传统出口产品，畅销港、澳和东南亚。

2）普洱沱茶

普洱沱茶为历史名茶，创制于 1902 年前后，是以云南大叶种的晒青毛茶为原料蒸压而成，因为历史上曾集中在大理下关加工和集散，故有下关沱茶之称。普洱沱茶外形如碗状，直径 76 ~ 83 毫米，高 43 ± 2 毫米，净重 100 克，色泽褐红，陈香明显，汤色红浓，滋味醇厚，叶底呈猪肝色。下关茶厂生产的普洱沱茶，1986 年在西班牙巴塞罗那举行的第九届世界食品评选会上获汉白玉金奖，1987 年在德国第十届世界食品评选会上蝉联金奖，1996 年 10 月荣获中国首届食品博览会金奖。2002 年 12 月 3 日国家质量监督检疫总局正式通过了"严松鹤"牌下关沱茶申报国家原产地标记产品的注册申请，向云南下关茶厂沱茶（集团）股份有限公司颁发了国家原产地标记产品注册证。

3）普洱紧茶

普洱紧茶包括砖形、带柄的心脏形、钱币形、梅花饼茶、金瓜贡茶等。这些普洱茶无论其外形如何变化，均保持了普洱茶的内在品质特点，主要销往港、澳地区和新加坡、马来西亚。

近年来日本、韩国和法国的普洱茶市场以及国内的普洱茶市场销路都看好。

2. 冲泡品饮普洱茶的基本技巧

普洱茶是最讲究冲泡（烹煮）技巧和品饮艺术的茶类。冲泡品饮绿茶、黄茶、白茶主要讲究"色、香、味、形"；冲泡品饮乌龙茶主要讲究"色、香、味、韵"，其中韵是重点；而在冲泡（烹煮）普洱的过程中，除了同样要注意展示茶的色、香、味、韵之外，还特别追求新鲜自然和陈香滋气。新鲜自然是指要选用在干仓条件下自然陈化的优质普洱或符合卫生条件的熟普洱，而不要选用在不卫生的生产条件下用泼水渥堆快速后发酵方法生产的普洱"熟饼"。干仓陈年普洱外形结实有光泽，香气陈香浓郁或陈香纯正，汤色栗黄明亮或栗红明亮，叶底活性柔软。而湿仓渥堆快速发酵的普洱外形暗淡松脆，香气浑浊有霉味或土腥味，汤色暗栗色或发黑，叶底暗栗发黑。

优质普洱的陈香清悠淡雅而多变，主要表现为荷香、兰香、樟香和清香。

有两种情况的普洱可能保留有荷香，一是比较嫩的普洱散茶；一是用大叶种野生茶树的晒青毛茶，经过适当条件陈化后的干仓普洱。荷香清幽淡雅，若冲泡不得法会稍纵即逝，宜用滚沸的开水快速冲泡，快速出汤。品饮时应将茶汤含入口中，稍事停留并轻轻用口吸气，使茶香进入鼻腔，并用心去感受，这时你一定会觉得如临月夜荷塘，有一股清新幽雅、淡然无极的嫩荷之香向你缠绵耳语，娓娓细述它那芳洁的情怀。

兰香是王者之香。用次嫩的三、四、五等优质普洱茶青，在适当条件下经过陈化后熟，一般都会产生兰香。普洱茶专家邓时海先生认为："少年普洱茶，会有清淡荷香，而比较成熟苗壮的中、老年普洱茶，含有幽雅樟香。兰香是出现在少年过渡到中年的青年普洱茶，所以兰香兼具了荷香及樟香之美，而且也比较含蓄。"为了能充分享受美妙而含蓄的兰香，在冲泡时也应用滚沸的开水快速冲泡，快速出汤，以免兰香散失。兰香清雅鲜灵，提神醒脑，闻后使人身心舒畅，五体通泰，充满了青春活力。樟香是普洱茶独有的香气，它分为青樟香、野樟香、淡樟香三种不同的类型。青樟香高锐鲜爽，充满青春活力；野樟香浓郁强烈，有成熟、丰腴之美；淡樟香飘逸脱俗，禅意绵绵，既是天香，又是心香，在空灵飘渺中会唤起人们无限的遐想。普洱茶的香型还有清香，这也是陈化的结果。荷香、兰香、樟香、清香这几种香气变化多端，耐人寻味，令人着迷。

在品饮普洱茶时，我们还要特别注意茶气和水性的变化。中国传统文化艺术都讲究"精、气、神"，不少普洱茶专家都把品饮普洱茶视为"炼精化气、炼气冲神、炼神返虚"、修身养性、强身健体的过程。"茶气"对普洱茶的品茗具有极重要地位。但是"气"看不见，摸不着，讲不清，我们只能在亲身品饮的过程中去体会。为了感受普洱茶之气，我们提倡普洱茶最宜温喝、静品。温喝是指茶汤不宜太热，也不宜太冷。如果太热则热气盖过茶气，喝得满身大汗，根本无心去感受茶气；如果茶汤太冷，茶气已荡然无存，冷冰冰的茶水喝到口中唯觉凉爽而已，无论如何也找不到那种腋下生风、飘然欲仙的气感。静品慢饮也很重要，中国气功讲"以意行气"，品普洱茶也是这样。可以说，如果没有"气的意念"，你永远也找不到气的感觉。有经验的普洱茶品饮者都善于"以意行气"。在静心饮入温热的普洱茶后，很快会感到一股热气在胃肠中鼓荡，接着毛孔因之而舒张，全身微微出汗。这时你可用意念引导茶气在经络中运行，并继续从容不迫地喝茶，这样你一定能体会到卢仝在茶歌中所描写的"七碗吃不得也，唯觉两腋习习轻风生"那种飘然欲仙的绝妙感受。

第四章
茶道的礼仪技法

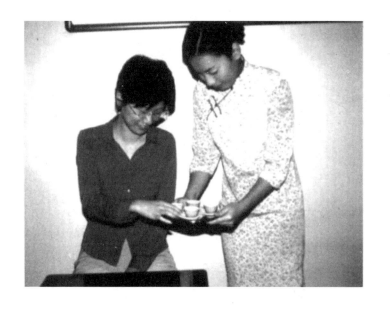

泡茶时的头发

泡茶时头发要梳紧，勿使之散落到前面，否则容易不自觉地用手去梳拢它，这样会破坏泡茶动作的完整性，而且容易造成头发的掉落（图1）。

图1　头发往前散置，不美观，也不卫生。

泡茶与上妆

负责泡茶或作为客人喝茶，妆饰都以淡雅为原则，避免使用
气味太重的香水或化妆品，否则容易干扰茶的欣赏。

泡茶时的首饰

　　泡茶时不宜佩戴太多、太抢眼的首饰，除非特别设计，否则不容易与茶具、动作配合，反而影响了"泡茶舞台"的美感（图2），所以尽量少戴，最好完全不戴。尤其是带有链子的手环或手表，还容易将茶具绊倒。

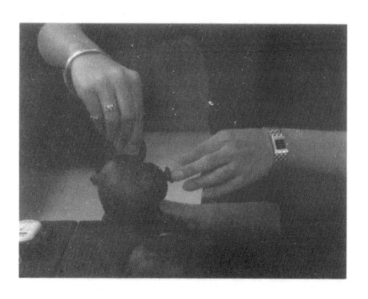

图2　佩戴太多的首饰，减弱了手与茶具的亲切感。

泡茶时的服装

　　泡茶时的穿着，除了配合茶会的气氛外，还要考虑与泡茶席尤其是茶具的配合。不要穿宽袖口的衣服，容易勾到或绊倒茶具。胸前的领带、饰物要用夹子固定，免得泡茶、端茶奉客时撞击到茶具。

泡茶时的双手

　　双手要保持整洁，因为泡茶时，双手就是舞台上的男女主角。泡茶前的洗手要注意将肥皂味冲洗干净，洗过手后不要摸脸，以免又沾上化妆品的味道。茶是需要洁净环境衬托的，一有异味，很容易在持杯子饮茶时察觉。

泡茶与健康

感冒、咳嗽或患有传染性疾病时，不宜泡茶招待别人。手部患有传染性皮肤病或化脓性伤口时也是一样。

泡茶时尽量不要说话。赏茶、闻香时等移开茶叶后才能说话。赏茶时不要以手摸茶，闻香时只吸气，挪开茶叶才吐气。

泡茶姿势

　　泡茶时身体坐正、腰杆挺直是比较好看的，两臂与肩膀不要因为持壶、倒茶、冲水而不自觉地抬得太高，甚至身体都歪到了一边（图3）。

　　养成左右手平均操作的习惯，避免惯用右手时都用右手，惯

图3　因动作而把手臂、肩膀都抬高了。

图4A、图4B　右手拿茶壶，左手拿水壶，左右手的动作较为匀称。

用左手时都用左手。通常以右手拿茶壶倒茶，左手拿水壶冲水（惯用左手的人则对调之），看来比较匀称（图4A、4B）。

　　泡茶时全身的肌肉与心情要放轻松，这样显现出来的泡茶动作才优美，才有一气呵成的感觉。

茶会时间的掌控

　　一次茶会的长短要掌控在计划的时间之内，而且不要为了多喝几道茶或多泡几种茶而拖得太晚。两三位朋友的聚会，不要超过一小时，多人的团体，不要超过两小时，没有节制的茶会是不可爱的。

奉茶的方法

端杯奉茶时，应注意下列几项要领：

1. 距离：茶盘离客人不要太近，以免有压迫感，也不要太远，否则给人不易端取之感。客人端杯时，手臂弯曲的角度小于90度时，表示太近了（图5）；手臂必须伸直才能拿到杯子，表示太远了（图6）。

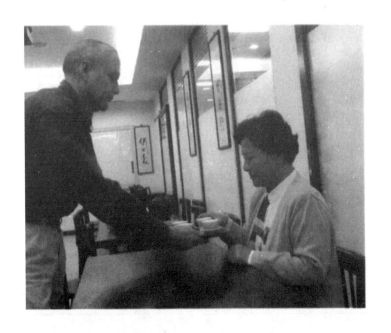

图5　这样奉茶，太迫近客人了。

图6　这样奉茶，离客人太远了。

图7　这样奉茶，端得太高。

2．高度：茶盘端得太高，客人拿取不易（图7），端得太低，自己的身体会弯曲得太厉害（图8），让客人能以45度俯角看到茶杯的汤面是适当的高度。

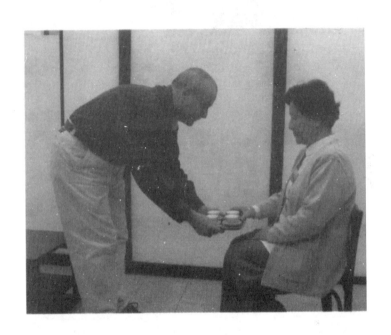

图8　这样奉茶，端得太低。

3．稳度：奉茶时要将奉茶盘端稳，给人很安全的感觉。客人端妥，把茶杯端离盘面后才可移动盘子。常发现的缺失是：客人才端到杯子就急着要离开，这时若遇到客人尚未拿稳，或想再调整一下手势，容易打翻杯子。另一个现象是走到客人面前，客人以为您端稳了，伸手取杯，这时您突然鞠躬行礼，并说"请喝茶"，连带茶盘也往下降，害得客人拿不到杯子。

此外要留意奉茶的位置，如果从客人的正前方奉茶，不会有什么问题发生，如果从客人的侧面奉茶，就要考虑客人拿杯子的方便性，一般人惯用右手，所以从客人左侧奉茶，客人比较容易用右手拿取杯子（图9）。如果您知道他是惯用左手的，当然就从

图9 从客人左侧奉茶，客人容易用右手拿取杯子。

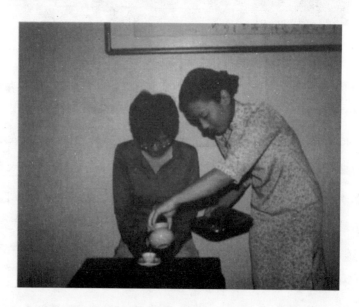

图10 从客人左侧倒茶，要用左手持盅才不会妨碍到客人。

他的右侧奉茶。

以上是端杯子奉茶的情形，若是第二道以后，持茶盅给客人加茶的状况呢？距离、高度、稳度的问题比较不重要，重要的是奉茶的位置。从客人的右侧奉茶，用右手持盅倒茶较妥，因为若用左手，手臂容易穿过客人的面前，或是太靠近客人的身体。相反地，若从客人的左侧奉茶，就要用左手倒茶了（图10）。这时的客人要注意不要只顾与别人说话，对方倒完茶要行礼表示谢意。还要留意自己的杯子是否放在不易倒茶的地方，若是，应将之移到奉茶者容易倒茶的位置，或是将杯子端在手上以方便奉茶者。如果自己端杯子的手不是太稳，有抖动的可能，可将杯子放在奉茶者的茶盘上，倒完茶再端下来（图11）。

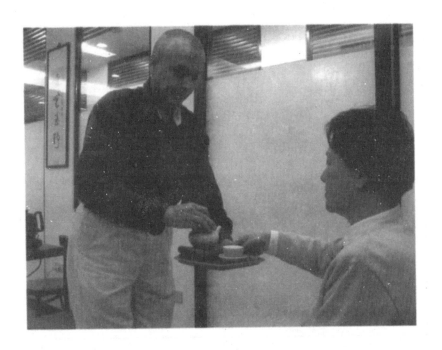

图11　不用茶几时，可将杯子放在奉茶者的茶盘上，等倒好茶再端下来。

奉茶时应该行礼或说："请喝茶。"第一道端杯子奉茶时是：先说"请喝茶"（或行礼），然后客人端取杯子。第二道以后持茶盅奉茶时是：先倒茶，然后再说"请喝茶"（或行礼）。

奉茶时除应该留意将头发束紧等如同泡茶时的服仪礼节外，还要注意奉茶时身体会不会妨碍到旁边的客人，如倒茶时的手肘、躬身时的臀部。

端杯子奉完茶，空盘子如何拿回到泡茶席上呢？自己可以研究出理想的拿法，否则依旧如奉茶时双手端着奉茶盘的方式走回去。

第五章
茶具搭配有技巧

茶具种类

以现代生活上常使用的泡茶方式：叶形茶与粉末茶为例，其基本配备的用具可做下列的分类整理。

1. 泡茶器：

a. 多人用泡茶器：茶壶（1）、壶垫（2）与茶船（3）（图1）、有流茶碗（打末茶使用）（4）（图2A、2B）、茶杯（5）与杯托（6）（图3）、茶盅（盛泡妥之茶汤）（7）、盖置（放壶盖或盅盖）（8）（图4）、茶桶（泡大桶茶使用）（9）（图5）。

图1　多人用泡茶器的主体：茶壶（1）、壶垫（2）、茶船（3）。

（4）——

流

图 2A、2B 打末茶使用的"有流茶碗"（4）。

图3 喝茶使用的茶具：茶杯（5）、杯托（6）。

图4 盛茶汤之茶盅（7）与放"盖子"之盖置（8）。

(9)

图 5　泡大桶茶之茶桶（9）。

图 6　含碗盖、碗身、碗托等的三件式"盖碗"（10）。

图 7　含冲泡盅与茶碗的"个人品茗组"。

图 8　含泡茶用内胆的"同心杯"（11）。

（12）

图9A、9B 用以置茶入壶的"茶荷"（12）。

　　b. 个人用泡茶器：盖碗（10）（图6）、个人品茗组（如冲泡盅加一茶碗）（图7）、刚心杯（内胆可将茶渣取出）（11）（图8）。

　　c. 其他配备：茶荷（置茶入壶的用具）（12）（图9A、9B）、

（13）

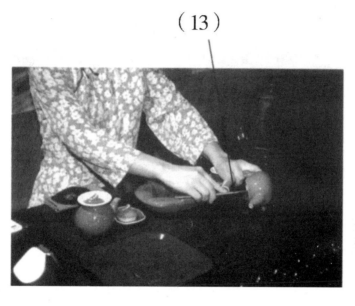

图9C　用以去渣的"渣匙"（13）。

（14）

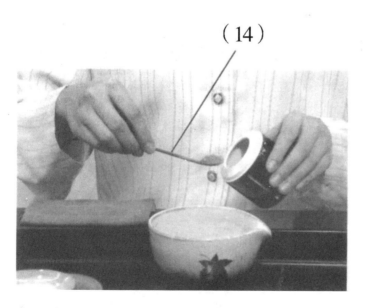

图10　用以取末茶的"茶勺"（14）。

（ 15 ）

图 11　用以搅打末茶的"茶筅"（15）。

（ 16 ）

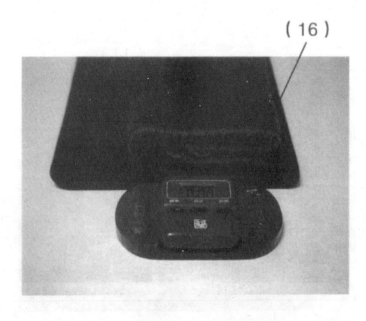

图 12　用以计算茶叶浸泡时间的"计时器"（16）。

（17）

图13　用以奉茶的"奉茶盘"（17）。

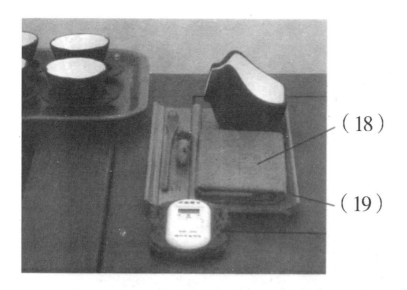

（18）

（19）

图14　茶巾（18）与茶巾盘（19）。

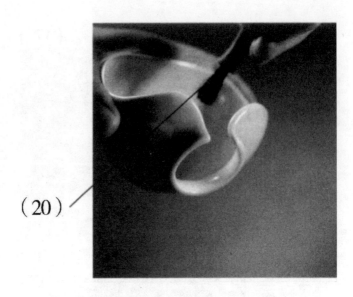

（20）

图 15　用以刷除茶末的"茶拂"（20）。

（21）

图 16　用以规范茶具的"泡茶巾"（21）。

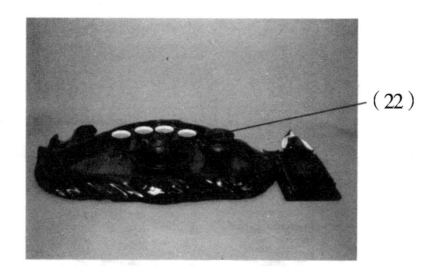

（22）

图 17　用以盛放主体泡茶器的"泡茶盘"（22）。

图 18　电壶式的"煮水器"（23）。

（24）

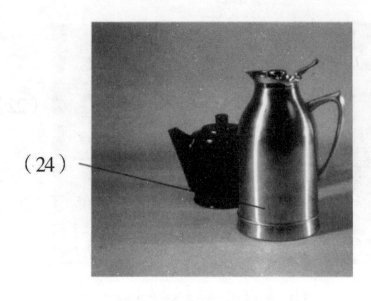

图 19A　备置热水的"热水瓶"（24）。

（25）

图 19B　备置冷水的"水方"（25）。

（26）

图20　弃置水与渣的"水盂"（26）。

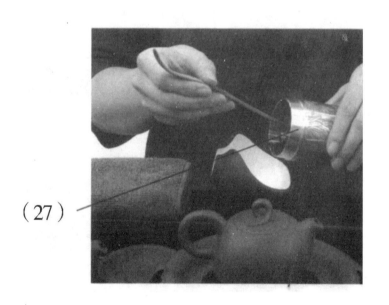

（27）

图21　泡茶时使用的"茶罐"（27）。

（28）

图 22　储茶使用的"茶瓮"（28）。

（29）

图 23　泡茶专用的柜台"茶车"（29）。

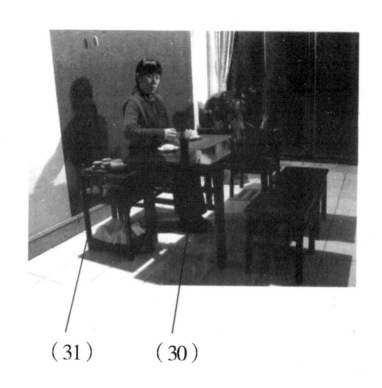

（31）　　　　（30）

图 24　用来泡茶的"茶桌"（30）与"侧柜"（31）。

渣匙（去渣用）（13）（图9C）、茶勺（取末茶用）（14）（图
10）、茶筅（打末茶用）（15）（图11）、计时器（16）（图12）、
奉茶盘（17）（图13）、茶巾（18）、茶巾盘（19）（图14）、茶
拂（拂去黏在茶荷上的茶末）（20）（图15）、泡茶巾（21）（图
16）或泡茶盘（22）（图17）。

　　2. 备水器：

　　煮水器（23）（图18）、热水瓶（24）（图19A）或水方（水
方放泡茶用冷水）（25）（图19B）、水盂（置弃之水与渣）（26）
（图20）。

　　3. 储茶器：

　　茶罐（泡茶时使用）（27）（图21）、茶瓮（储茶时使用）

（28）（图22）。

4. 茶具的家（亦是泡茶的舞台）：

茶车（泡茶专用车柜）（29）（图23）、茶桌（30）、侧柜（茶桌放主要泡茶器，侧柜放配件）（31）（图24）。

茶具的分区使用

泡茶时，将茶具区分成下列四大类，并分区使用，操作起来比较方便，这四大类为：

a. 主泡器：主要的泡茶用具，如壶、盅、杯、盘等（图 25）。

图 25　放于泡茶者正前方的"主泡器"。

图26　放于泡茶者右手边的"辅泡器"。

备水器=煮水器+热水瓶+水盂

图27A　放于泡茶者左手边与柜子内的"备水器"。

图27B　"水盂"。

　　b. 辅泡器：辅助泡茶的用具，如茶荷、茶巾、渣匙、茶拂等（图26）。

　　c. 备水器：提供泡茶用水的器具，如煮水器、热水瓶、水盂

储茶器=茶罐

图28 放于泡茶者右手边与柜子内的"储茶器"。

图28A "茶罐"。

等（图27AB）。

d. 储茶器：存放茶叶的罐子（图28A、B）。

泡茶时，将主泡器放置在自己的正前方，辅泡器放在右手边，备水器放在左手边，储茶器一般是用后收拾于茶车的内柜或茶桌旁的侧柜内。

将"备水器"设置在左手边是希望以右手拿茶壶，以左手拿水壶，双手分工合作。若嫌左手力量不够而将水壶等也放在右手边，那右手会忙得很，都是右手单边操作，也显得不平衡。如果是惯用左手的人，可将物品的方向全部对调过来。

如果使用泡茶专用的茶车，除操作台面外，备有收纳茶罐、备用茶具等物品的内柜（图29）；如果使用一般桌子泡茶，最好准备一张侧柜，将茶罐、备用茶具等物品收拾起来，免得全摆上桌面，显得零乱。甚至还可将煮水器、热水瓶、水盂等备水器也置于侧柜上，让桌面显得更清爽。

备水器是提供泡茶用水的器具，如果使用电壶等煮水器，那

图 29　泡茶专用茶车的"内柜"是收纳茶、水、物的地方。

图 29A　辅茶器可用"茶巾盘"将之规范在一起。

热水瓶只是用以补充煮水器的热水，煮水器摆在方便拿取的地方，热水瓶则收藏于茶车的内柜或茶桌的侧柜内。如果直接使用热水瓶泡茶，那就不必使用煮水器，这时热水瓶就要摆在拿取方便的地方。

辅助泡茶的用具通常包括茶荷、渣匙、茶拂、计时器与茶巾，这些配件如果个别摆置容易显得零乱，可以准备一件如"茶巾盘"之类的舣状物将之收拢起来（图29A）。

茶具摆置的美感

　　不论主泡器的本身，甚至于与辅泡器、备水器、储茶器的相关位置，都要视为一幅画、一件雕塑作品或是一出戏在舞台上演出的情形加以布置与规划，务使看来和谐又美观。这部分牵扯到审美上的修养，如果不是应用自己的创作力，就要依照老师提供的基本模式。

茶具与茶叶的搭配

茶具与茶叶的搭配包含两层意义，一层是壶具质地与茶汤的关系，这点在第四章曾经谈过，另一层意义是茶具的颜色、质感与所泡茶叶的协调性。

如果冲泡龙井、碧螺春等绿茶，使用一组深颜色的紫砂壶，给人是颇不协调的感觉，如果换成一组青瓷，那就可以把绿茶的翠绿、清凉衬托得更好。相反的，冲泡陈年普洱用一组精致的薄胎纯白瓷也会令人有穿错衣的感觉，而且茶汤在纯白的杯子里会显得太暗，一副不好喝的样子，但如果换成一组手拉成形的暗铁红陶器，杯子又是盏形宽口，那老和尚般的普洱茶性就更有味道了。

茶具的功能性

1. 容量：茶壶所需容量因杯子大小与数量而定。天气热，又是活动量大的场合，杯子要大，天气冷，又是整天坐在会议室里，杯子要小。壶的大小最好能让一壶茶一次全部倒干，若壶大杯小（或杯少），冲水时不要冲到满，只加到需要的水量。如果另备一把茶盅，茶泡妥后将茶汤全倒入盅内，这时只要考虑茶盅是否可以一次让壶内的茶汤倒光即可。

图30　这把壶倒完茶后，会有残水滴落。

图30A　壶的出水处加装滤网，避免茶渣流出或妨碍出水。

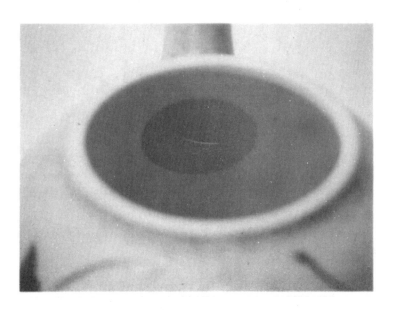

图31　在壶上加装高密度滤网，可将茶汤滤得更干净。

图32　在盅口上加装高密度滤网，倒茶入盅时顺便滤渣。

图33　"壶把"愈接近壶的重心愈"好提"。

2. 断水：倒过茶，不会有残水沿着壶嘴外壁往下滑（图30），这就是所谓的断水，也就是这把壶或这把盅不会流口水，用这样的壶或盅泡茶时，才不会有茶水到处滴落。

3. 滤渣：壶与盅要有良好的滤渣功能（图30A），起码要能将茶的粗渣滤掉，而且避免茶渣将出水口堵住，倒不出水来。进一步，若能将细渣也滤掉，倒出的茶汤干干净净，看得很舒服，为达到这个目的，可以在壶身或盅口加装高密度的不锈钢滤网（图31、32）。

4. 好提：所谓好提就是容易掌握壶或盅的重心，原则上，壶把或盅把愈靠近壶或盅的重心愈好提（图33）。如何提壶，如何持盅，可多方尝试，并对着镜子观看，找出该壶该盅最适当最美观的拿法。至于单手操作还是双手操作并无一定规则可循，小壶小盅单手可以操作就单手操作，超过300cc的中、大型壶或盅大概需要双手才稳当，也就是一手持壶，一手按住盖纽。

泡茶席上茶具的静态与动态

茶具的静态是指"泡茶席"上的茶具都已"清洗干净",但陈放在操作台上,呈"备用"的状态。茶具的动态则是将静态的茶具摆放成即将泡茶的样子。两者之间主要的差别如下:

a. 静态的茶具或许有一条布类的东西覆盖着,动态时则将之掀开。

b. 静态时的煮水器只是装入少量的安全性用水,动态时则加满所需的泡茶用水,而且视需要开始加热。如果使用热水瓶泡茶,静态时是空热水瓶,动态时是装上了所需温度的泡茶用水。存放"补充用水"的热水瓶或水方亦是如此,静态时是空置,动态时是装入热水或冷水。

c. 静态时的主泡器与辅泡器是摆成利于"陈放"的方式,动态时是摆成利于"使用"的方式。其中最明显的差别是杯子,静态时多呈覆盖的样子,动态时才将之掀开(图34、35)。

d. 静态时的茶叶罐可能是空的,或是从缺,动态时则装入所要冲泡的茶叶或方才拿出。

e. 静态时的茶巾是与辅泡器放在一起成"陈放"的样子,动态时的茶巾则将之摆放在茶壶(或末茶时的茶碗)与茶盅的下方(图36、37)。

图 34　泡茶席"静态"时的杯子是覆盖的。

图 35　泡茶席"动态"时的杯子是掀开的。

图 36　泡茶席"静态"时的茶巾放置于茶巾盘上。

图 37　泡茶席"动态"时的茶巾摆在主茶器的右下方。

那刚泡完茶，尚未清洗的状况应称为什么呢？就称为"待洗"吧，不论是已在席上做完"去渣"等初步处理与否，都属茶席上茶具的"待洗"状态，客人离开后还要将茶具做一番清洗，这时的杯子应该正放，不要覆盖着，以免误会为已清洗过的"静态"状况。

第六章
小壶茶法与技巧

小壶茶法定义

　　小壶茶法是指"小型壶具"冲泡叶型茶（非末茶）（图1）的方法与品饮方式。茶壶大约在400cc以内（图2A、2B），杯子大约在50cc以内，装一次茶叶，冲泡数次以供品饮。

　　小型壶又因搭配的杯子大小与数量分为单杯壶、二杯壶、四

图1　以"小壶茶"冲泡的叶型茶，包括散茶与解块后的紧压茶。

图 2A 图示之"小壶茶法"所用茶壶之容积为 160cc，杯子为 30cc。

图 2B 图示所用之茶壶容积为 470cc，杯子为 60cc。

杯壶、六杯壶、十杯壶等不同的大小与配备。

　　"小壶茶"是用以与"大桶茶"（或称大壶茶）、"浓缩茶"、"含叶茶"相对应的一种泡茶法与品饮方式。

小壶茶的茶器配备

　　基本的小壶茶配备是壶与杯，若为了方便分茶入杯，可增加"茶盅"（或称茶海，或称公道杯），若为使茶壶有个承座，可增加"茶船"或"壶垫"。若为增加杯子的完整性，可增加"杯托"（图3A、3B、3C、3D）。

图3A　以壶泡茶之基本配备：壶与杯。

图 3B　为方便分茶，再增"茶盅"。

图 3C　为使茶壶有个承座，再增"茶船"与"壶垫"。

图 3D　为增加杯子的完整性，再增加"杯托"。

持壶法

　　小壶茶的持壶法并没有固定持法，只要容易掌控壶的重量、操作自如，而且手势优美即可。原则上 200cc 以内的小型壶单手操作（图4），200cc 以上的大型壶双手操作（图5）。所谓单手操作就是"持壶"与"按钮"皆由一手为之；双手操作则以另一只手的食指"按钮"。若小壶的重量以单手操作起来太过吃力，如小朋友泡茶时，也可以用双手操作。

图4　小型壶单手操作。

　　壶把的结构一般分为"侧提壶"（图6）、"横把壶"（图7）、"飞天壶"（图8）与"提梁壶"（图9）四大类，每种壶的拿法

图 5　大型壶双手操作。

图 6　侧提壶及其拿法。

图 7　横把壶及其拿法。

图 8　飞天壶及其拿法。

图9　提梁壶及其拿法。

现以四张照片提供参考，再依自己的手形与喜爱加以修订，练习时可面对镜子逐一比较。

持盅法

茶盅一般有三种形式，持盅法分述如下：

1. 圈顶式：盅顶有一圈环，是盅口的地方也是持盅的所在，一般配有益盖。拇指与中指夹住圈顶，食指按住盅纽，其余两指抵住圈顶下方，与拇、中指成三角鼎立之势（图10）。

这类形的盅尚包括一种无明显圈顶，只是在盅口两侧加上配件以加强拿取功能，拿取方法亦如上述（图11）。

图10　圈顶式茶盅及其拿法。

图 11　无圈把式茶盅及其拿法。

图 12　以另一把壶当茶盅。

图 13　杯式茶盅及其拿法。

2. 茶壶式：形式如同茶壶，有把有盖，拿取法就同茶壶（图12）。

3. 杯子式：杯子的形式，通常加有把手，并在杯口处设计有便于倒水的"流"。这种盅，倒茶时就以单手持盅即可（图13）。

备 水

　　所谓"备水"是指泡茶席上"加水"、"调温"的动作，若是从其他地方加好适温的水拿到泡茶席上使用，视为"备水"完成。

图 14　持热水瓶加水入煮水器的方法。

图 15　备水时肩膀与手臂不要抬得太高。

　　加水时要将面前的"主泡器"（如茶壶、茶船等）移开，将煮水器的"水壶"拿到面前，然后拿出热水瓶加水或是从水方取水加之（图 14）。为什么要将水壶移到面前加水呢？因为煮水器往往放在左边，斜着身子倒水，尤其是热水，不但吃力而且危险，万一热水溅出去，还容易烫伤别人。加水时，往往不能把水加得太满，免得烧滚后溢出。

　　加完水，接着要考虑水温，水温不够，打开热源使水继续加温；水温太高，关掉热源。正常状况是原有煮水器内的冷水不会太多，整理泡茶席时只留了安全上需要的水量（如避免意外的干烧），泡茶前若发现水壶内留下的冷水太多，应将之倒掉，以免泡茶时花太多时间在煮水上。加温到适当程度，应及时将热源关掉，不论这时的泡茶动作进行到哪里，若不这样，到了泡茶的时候，水温会变得太高。

　　加水时应避免在手提热水瓶时，单边的肩膀与手臂抬得太高而影响了身体的端正（图15）。

行　礼

　　泡茶的准备动作是在将茶具从静态变为动态，并备妥水后方告完成，这时应检查一下自己的坐姿、调整一下自己的心情，准备开始泡茶。若是茶道表演的场合，这时应起立向大家行个礼。

图 16　行礼躬身的角度不宜太浅，也不必太深。

起立行礼时要确实站正、站稳后才行礼，行完礼站正后才坐下，若每个动作做得不确实，给人的感觉是不诚恳。行礼躬身的角度以大于 15 度为佳（图 16）。

检查一下自己的坐姿、调整一下自己的心情（或是另加行礼），在泡完茶、结束茶会时还要重复一次，作为圆满的结束。

温　壶

温壶是泡茶前将茶壶温热的动作。其目的有二：一是将壶温热，避免水温被壶壁吸收而骤然下降，影响泡茶的效果。热水倒入未温热的茶壶内，温度会降低3℃～5℃。二是温过壶后，将茶

图17　冲水时水柱不要太粗，而且提高一些。

叶放入壶中，借壶身的热度将茶叶香气烘托出来，以供欣赏茶香。若不是为了闻香，或是这种闻香移到第一泡茶倒出后再欣赏，温

图18　在壶口边倒入太粗的水柱,有如灌水一般。

壶是可以省略的。水温降低的问题可以从提高备水时的温度或延长茶叶浸泡时间来克服。若备水时的水温就太高,也可以故意不温壶,借此降低泡茶用水的温度。

温壶是泡茶的第一个动作,这时候若水温尚未达到所需的标准,只要不是相差太多,是可以不必等待的。

温壶所注入的热水以八分满为度,为什么呢?因为这是放入茶叶,浸泡后倒出茶汤的大致分量,我们等一下尚要利用温壶的水"温盅"与"烫杯",正可测量茶盅是否可以让茶壶一次倒干,"汤量"是否足够所需的杯数,若觉得太少,倒茶时可以每杯少倒一些,若发现太多,则冲水时少冲一些。冲水时水柱不要太粗,而且稍微拉高一些(图17),因为若水柱太粗,而且就在壶口上倾倒，看来有如灌水一般（图18）。

　　注水入壶后，要等到备完茶并请客人赏完茶后才将温壶的水倒出，因为若太早将热水倒出，就失掉了温壶的效用。

备　茶

　　备茶是将茶叶准备好，以便放入壶中。这包括将茶罐打开，将适量的茶叶倒入"茶荷"内，含有量茶量的意义。

　　泡茶席上使用的茶罐是小型者，打开罐盖时以一手持罐，一手开罐为宜（图19）。打开茶罐后，将茶倒入荷内，倒茶可有两种方式：一是一手持荷，一手持罐，将茶倒入荷内。二是将荷置

图19　打开罐盖时，将茶罐拿到胸前，如此看来较为亲切。

于面前，一手持罐，一手持渣匙，利用渣匙直头的一端将茶拨入荷内。前者称为"倒茶入荷"（图20），后者称为"拨茶入荷"

图 20　倒茶入荷之法。

图 21　拨茶入荷之法。

（图 21）。

倒入式适合直条形与紧结形的茶叶使用，拨入式适合于自然弯曲的茶叶，它们容易纠结在一起，不容易用倒的方式将它们倒出来。

倒茶入荷时，应同时衡量此次泡茶所需的茶量，人数少，少倒一点；客人逗留的时间短，冲泡的次数少，也可少倒一点。以壶的大小作为备茶量的衡量标准也可以，这时就必须依人数先决定壶的大小。

为便于第一次"置茶"后茶量之增减，备完茶尚不急于将茶罐收拾，暂时放于泡茶席的操作台上，等"识茶"、"赏茶"后，"置茶"的动作完成，再将茶罐收归定位。

识　茶

识茶是泡茶者在泡茶前对茶叶的认识（图22），以便于泡茶时采取适当的方法。这个动作经常于"备茶"中或备茶后为之，因为茶正在倒出，或已经倒入荷内，观看较为容易。

图22　泡茶前要先对茶有番认识。

识茶的项目如：从茶叶的绿或红看出发酵的程度、从茶叶颜色深浅看出焙火程度、从茶叶外形看出揉捻程度、从茶叶长相看出老嫩程度、从茶叶完整性看出细碎程度……这些认知都有助于对水温、置茶量、浸泡时间、冲泡次数的掌握。

正常状况下，置完茶，冲泡之前会有"闻香"的动作，若估算这个动作会被省略，备茶后的识茶可以增加"闻香"。闻香的动作除了了解茶叶的品质状况外，还可以发现有无其他异味，做必要的处置，如利用温壶的热度或多或少将杂味蒸发掉，或是在第一泡之前增加一道"温润泡"。

识茶时是不宜以手触摸茶叶的，除非发觉茶叶已受潮，想了解受潮的程度，可拿一片茶叶搓揉，搓揉后即将这片茶叶丢弃。闻香时只能吸气，等茶叶挪开后才吐气，需要说话时亦应将茶叶移离面前。

赏　茶

　　赏茶是品饮者在喝茶前欣赏茶叶之外观，包括因此体会到的该种茶的特有风格。赏茶也以备完茶后，从茶荷观赏为最佳时机。

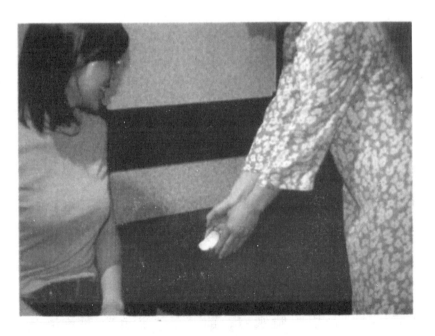

22A　将茶荷传递给客人"赏茶"。

　　赏茶时可从茶叶的色相了解该茶香型的种类、滋味的特质，

22B　最后赏完茶的人，将茶荷送回原来的地方。

从色泽的明度了解生熟的感觉，从外观紧结的程度了解香味频率的高低，从原料的老嫩程度了解茶性的粗犷与细致……

泡茶者识完茶，将茶荷传递给品饮者逐一赏茶（图22A），泡茶者可以从旁提供一些该种茶的基本资料，增加大家对该种茶的了解，这有助于稍后茶香茶味的欣赏。我们也鼓励泡茶者主动介绍自己所泡的茶叶，不要试图测验客人的品茶能力，这是茶道坦诚、主动介绍自己的风格。传递到最后一位客人，由这位客人将茶荷送回泡茶席原来放茶荷的地方（图22B）。

赏茶时只是用眼睛观看，前一条"识茶"时泡茶者闻、摸的动作应该省略，因为喝茶者只管喝茶，不要太用心于"评"茶，至于闻香，稍后有闻香的专属时间，否则从茶汤的品饮中也可以充分体会到茶香。赏茶后的说话，也是要等茶移开后。

　　在人数众多的场合，为免耽误泡茶的时间，可另备一两个茶荷供客人赏茶，泡茶者在适度地介绍过茶后，就可以开始泡茶。

温 盅

　　茶在壶内浸泡到适当浓度后，将茶汤全部倒入茶盅之前，将茶盅温热的动作称为"温盅"。一般的做法是利用温壶的热水来温盅，也就是在置茶入壶之前，将温壶的水倒入盅内（图22C）。一方面是节约用水，另一方面是利用这个机会判断一下茶盅的容量是否可以一次将壶内的茶汤倒干，如果差一点，泡茶冲水时要少倒一些。

图22C　将温壶的水倒入盅内"温盅"。

温盅的目的在于提高盅温，减少茶汤降温的速度，但如果这种茶在汤温稍降后更有利于香味的欣赏，如白毫乌龙；或是急着借这杯茶解渴，太烫反而不能大口大口地喝时，则可故意不温盅，这时温壶的水直接倒入排渣孔或水盂内。

置　茶

　　置茶就是把备妥的茶置入壶内。泡茶者在客人赏完茶，将茶荷送回之前，将温壶的水倒入盅内温盅，或是直接倒掉，茶荷送回后，持之将茶倒入壶内，这时一只手可持渣匙，用平头的一端协助茶叶进入壶内（图23）。置完茶，若茶荷内附着有茶末，拿茶拂将之刷至排渣孔或水盂内（图24A、24B）。

图23　持茶荷置茶入壶。

　　茶荷可以是陶瓷制品，也可以用竹器，也可以用纸折成，如果是"纸茶荷"，可以折叠起来放在茶罐内备用（图25）。

图 24A　持茶拂刷掉茶荷上的茶末。

图 24B　清荷。

图25 以"纸茶荷"置茶。

图26 判断"置茶量"不必如此勾着头往壶内瞧。

图 27A 拿到胸前将盖子盖上。

图 27B 放在一侧，拿盖子往罐身上加盖。

置茶常犯的毛病是勾头看壶内的茶量。置茶后常会以渣匙拨平壶内的茶叶，用以判断确实的茶量，这时应留意不要将头勾下来看，以免破坏整体的美观（图26）。

置完茶若觉得茶量太少，可以重复一次补足茶量，若置至半途即发觉茶量太多，可以中途打住，将多余的茶叶倒回茶罐内。等确定了置茶量，盖上壶盖，收拾好茶叶罐。

收拾茶罐时，盖上罐盖的方法是一手拿罐身，一手拿罐盖，将盖子盖上（图27A）；若是将罐子放在桌上，手拿罐盖往罐身上压，看来没那么亲切（图27B）。不只是茶罐，举凡各种器物，使用完放回时不要一扔了之，要谨慎地收拾，轻轻地放下，就有如与爱人离别的心情。

闻 香

在泡茶品饮的过程中，所谓的"闻香"是指欣赏茶叶本身的香，而不是茶汤的香。欣赏茶叶的香主要是在温壶后置茶，借壶身的热度将茶叶的香气烘托出来，所以置完茶，盖上壶盖，等收拾完茶罐，才打开壶盖欣赏壶内茶叶飘送出来的香气（图28）。泡茶者利用闻香的机会更进一步了解茶的品质状况，以利稍后的泡茶。泡茶者闻过香，将壶递给客人继续闻香，让客人在喝茶汤之前对该茶有进一步的认识。

图28 持壶欣赏壶内茶香。

29A 放下茶壶时，让壶嘴朝前。

29B 换左手持壶，将壶传给对面的客人闻香。

传递茶壶给客人闻香时，若能做到将壶把调到客人的右手边，那客人就可以很方便地以右手提壶，左手打开壶盖闻香（惯用左手者则相反）。泡茶者闻过香，将壶放下时就把壶嘴朝前放，然后换左手提壶，递至坐于对面的客人面前，这样壶把就在客人的右手边了（图29A、图29B）。至于坐在同一方向的客人间之传递，只要以同一方向将壶递送到下一位客人面前即可（图30）。最后一位客人闻完香，要将茶壶还回泡茶者的操作台上，还时也要将壶把调到泡茶者的右手边，方法是：闻完香将茶壶在自己面前打正，使壶嘴朝前，然后以左手提壶，送到泡茶者面前。这是茶道"处处为对方着想"的精神。

持壶闻香时要养成随手盖上壶盖的习惯，不要将壶盖打开放在一边，只拿着壶到处传递，这样很快就闻不到香气了，因为香气是易挥发的微量物质，一定要闻完香马上盖上盖子。即使这样做了，第三、第四个人以后还是闻不到太明显的香气，这时可以在按住盖子的情况下，用力震荡一下茶壶，使茶叶在壶内翻滚一下（图31），这样又可以有两至三个人好闻香。再接下来可就不容易有闻香的效果了，若是还有客人未欣赏到茶香，可请他们稍候，待泡完第一道，将茶汤倒出，尚未奉茶时，再行闻香。用鉴定杯评茶时的闻香也是在倒出茶汤后闻茶渣（评茶时称为叶底）的香气。

持壶闻香的礼节亦是只吸气不吐气，等壶移开后才吐气，才说话。

有些茶闻"茶干香"的效果很好，有些茶是冲泡过后的叶底香气才好，甚至有些茶是冲泡过，放冷后再闻叶底，香气表现得更佳。可依茶性，利用各种不同的方式请客人赏香。

以上所说的是欣赏茶叶本体的香，等一会儿茶汤泡出后喝茶，

图30　同一方向的客人，只依同一方向将壶传过去即可。

图31　"震壶"可将壶内的茶叶翻动，以利下一位的闻香。

还有另一次赏香的机会。前者是从茶叶本体散发出来的香气，后者是溶入水中的香气；有些茶闻茶干很香，但喝起来不怎么香，有些茶闻茶干不怎么香，但茶汤喝起来很香。当然有的茶两者都香，有的茶两者都不香。因为香的成分有太多种类，有些易溶于水，有些不易溶于水，大体说来，"茶汤"会香的茶比较难得，而且比较耐保存，只有"茶干"香、"茶汤"不香者，放一段时间后香气容易挥发掉。

冲　泡

　　客人闻香期间，泡茶者应随时注意水温的状况，若还在加温，到了适当程度要及时关掉热源。待传出去闻香的茶壶送回后，提起热水壶，将适量的热水冲入茶壶内，而且趁冲水的机会将壶内的茶叶淋湿。为达到淋湿茶叶的目的，可采"绕倒"的方式，而且依向内转的方向，也就是若以左手持壶冲水，则以"顺时针方向"浇倒，因为向内转的姿态要比向外转的方向看来亲切。

　　前面说过冲水时要注意所需的水量，不一定非要冲满一壶不可，为了一次能将茶汤倒光，但受茶盅容量或杯数限制，倒七分满或半壶皆可。若是要冲满一壶，也是以九分满为度，因为若倒得太满，盖上壶盖时会把茶水从壶口或壶嘴挤出，若从壶口满溢，还会把茶叶一并冲出，万一卡在壶口上，就会影响到盖壶盖。

　　有人冲水时故意冲得满溢出来，借此将茶的泡沫冲掉，这是没有必要的，冲水后产生的泡沫是泡茶必然的现象，泡沫的多少还依茶况而异，这些泡沫是茶叶内一些成分造成的，饮之无妨，而且等分茶到杯子时，已不见这些泡沫了。

　　有人冲完第一次水后立即将茶汤倒掉，紧接着冲第二次水才算正式的泡茶，说是将茶冲洗一下，或说是将茶温润一下，这种做法也没有必要，除非是这泡茶放坏了，有股异味，想借热水的高温将之蒸发掉。后发酵的普洱茶以及陈放过的老茶，只要不是陈放不良产生了前述所说的异味，冲泡时也不要"第一泡倒掉"，这类茶的"水可溶物"释出速度相当快，第一泡倒掉会造成很大的损失。

计　时

冲完水，盖上壶盖，放回热水壶后按下计时器开始计算茶叶浸泡的时间。若是没有专用的计时器，手表、墙上时钟，或是心算都可代替。浸泡时间的控制是泡好茶很重要的一项因素，尤其是小壶茶，以"茶多汤少"的方式冲泡，差个几秒都影响茶汤甚巨。

图31A　泡茶时要用向前读秒的计时器。

向前读秒的计时器（图31A）是被推荐的，因为以时钟作为控制茶叶浸泡时间的依据，每次都要因上回茶汤浓度等因素加以调整，倒数计时的时钟每次尚需设定，是不实用的，尤其是倒数完毕还有叫声者更是破坏泡茶的气氛。

有人以为使用计时器太过呆板，但只凭直觉来判断是不够精确的。只是使用计时器时不要一直盯着它看，好像只要等到时间一到就要冲锋陷阵似的。重要的还是要用心，计时器只是辅助的工具。

烫 杯

茶在壶内浸泡期间，可从事"烫杯"的动作。也就是利用温盅的水，持盅将之分倒入杯，利用水的热度将杯子烫热。为什么

图31B 只是内侧单面上釉（白釉）的杯子。

要利用温盅的水烫杯呢？因为这样正可测量这壶茶是否足够倒那么多杯，若是不够，等一下倒茶时可以每杯倒少一点，如果太

图 31C　里外施以不同釉药的杯子。

图 31D　船内烫杯。

图 31E　杯内烫杯。

图 31F　利用烤箱来"烫杯"。

多，泡茶时可以少冲一点水，如果发现少得太多，或是多得太多，可考虑连泡二道作一次奉茶或泡二道茶作三次奉茶。另外利用温盅的水烫杯尚有一个原因：这时的水温不至于太高，避免稳定性不高的杯子破裂。有些杯子在冷热温差大时容易破裂，尤其是单面上釉（图31B）或里外施以不同釉药（图31C）的杯子。

烫杯的目的有二：第一，提高杯子的温度，免得茶汤冷得太快。这个顾虑若不存在时，烫杯可以省略。第二，使客人喝茶时，手接触到的杯子温度与口喝到的茶汤温度接近一些，如果杯子没烫过，"分完茶"马上端给客人，客人拿到的杯子是冷冷的，喝到的茶汤是热的，感觉不好，而且容易误判，不觉得茶汤有多热而一口饮进，烫着了嘴巴。若因为茶汤不需要那么烫时喝，如白毫乌龙，温度降一点反而容易体会其可爱的熟果香，可于分完茶后，等个半分钟再将茶奉出去，让杯子吸够茶汤的温度，茶温降下来了，手握杯子也不再是冷冷的。

有人烫杯的方法是将杯子侧置于高缘的茶船内，船内倒入热水，用手指转动杯子使其在热水中旋转数圈（图31D）。有人是以一个杯子侧置于另一个装有热水的杯子内，转动侧置的杯子使其在热水中旋转数圈（图31E）。这些若都算是烫杯的方法，就得考虑烫杯时所发生的声音以及相互摩擦可能对杯子造成的伤害。

另外将杯子放在泡茶席旁的烤箱或保温柜内（图31F），分茶前才将杯子取出，也是烫杯的另一种方式。这时温盅的水则直接倒掉。

若是以温盅的水烫杯，在"烫杯"的过程中只做到持盅将水分倒入杯，就这样让杯子装上热水放着，等到倒完茶，要分茶入杯时才将烫杯的水倒掉。

倒　茶

倒茶是指茶在壶内浸泡到适当浓度，将茶汤全部倒出的动作。分为"倒茶入盅"与"分茶入杯"两种方式：

倒茶入盅是将泡好的茶汤一次全部倒于盅内（图32），达到茶汤、茶渣分离，控制浓度的目的，而且先后倒出的茶汤在盅内混合，浓度已趋一致。所以接下来的持盅分茶入杯，一杯杯直接倒满即可。

图32　将泡妥之茶汤一次倒入盅内。

分茶入杯是将泡好的茶汤直接倒入所需杯子内（图33），这

图 33 将泡妥之茶汤一次倒入数个杯子内。

图 33A 平均分茶法

时的杯子应该是有数个，若只是一个杯子，即如同是茶盅一般，
归于"倒茶入盅"之列。一次将茶全部分倒数杯内，也达到了茶
汤、茶渣分离，控制浓度的目的，但先倒的浓度偏淡，后倒的浓
度偏浓，必须以"平均倒茶法"方能达到浓度平均的目的。所谓
平均倒茶法是分来回两次将茶倒于数个杯子内，例如分茶四杯，
则第一杯先倒 1/4，第二杯先倒 2/4，第三杯先倒 3/4，第四杯倒
满；接着往回倒，将每杯补足，也就是第三杯补 1/4，第二杯补
2/4，第一杯补 3/4（图 33A），如此，最淡的加上最浓的，次淡

的加上次浓的，每杯的浓度可以接近平均。有些人是不停地来回倒，虽然也可以将浓度倒平均，但来回太多次显得烦琐。

倒茶入盅或分茶入杯时，茶壶都不要倾斜得太厉害，如超过了90度，如此的倾斜角度造成"逼迫"的感觉（图34）。倒茶时应留点时间让茶汤慢慢流干滴净，不要那么急迫，甚至于到了最后还用"甩"的方式，恨不得茶汤一滴不剩，而且快快倒干。

图34　倒茶时，倾斜角度不要超过90度，免得有逼迫的感觉。

备 杯

　　备杯就是把杯子准备好，以便将泡好的茶分倒入杯。这时的杯子装有热水，正在"烫杯"，备杯的动作就是把烫杯的水倒掉，在茶巾上沾一下，放回奉茶盘上。如果杯子配有杯托，这时的杯

图35A　将烫杯的水倒掉。

图 35B　在茶巾上沾一下。

图 35C　放回奉茶盘的杯托上。

托已放在奉茶盘上，而且摆成了美丽的阵容（图 35A、图 35B、图 35C）。

如果杯子是放在小烤箱内消毒，"备杯"的动作是从烤箱内将杯子取出，直接排列于奉茶盘上。

分 茶

所谓分茶就是把泡好的茶分倒到杯子里。如果泡好的茶是已经倒至茶盅，这时是持茶盅将茶分倒入杯（图 35D），如果泡好的茶还浸泡在壶内，则持壶以平均倒茶法将茶汤分倒到每个杯子内。

图 35D　"分茶"，将茶汤分倒入杯。

不论是持盅分茶还是持壶分茶，在每个杯子间倾倒、提起的动作要有绵延的韵律感，可以想象如以毛笔写字的落笔与回锋。

分茶的茶量，30cc 左右的小杯以倒九分满为原则，因为杯子已经够小，只倒八分满会觉得不够诚意；90cc 左右的大杯以倒六分满为原则，因为杯子大，甚至于只倒半杯都不觉得有什么不对。

奉　茶

奉茶包括第一道的"端杯奉茶"（图36）与第二道以后的"持盅奉茶"（图37）。第一道茶一般是在操作台上把茶分倒入杯后才以奉茶盘端杯子奉茶，但也有事先将空杯子分发到客人面前，

图36　端杯奉茶。

这时就以"持盅奉茶"的方法奉茶。大家如果"促膝而坐"，而且坐着就可以拿到杯子，泡茶者就坐在原位请客人逐次端茶，或

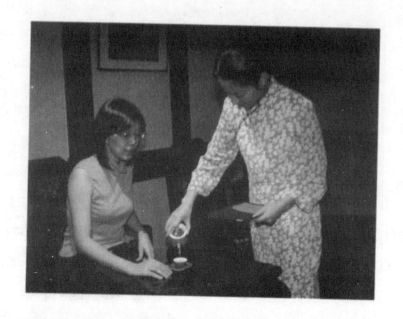

图 37　持盅奉茶。

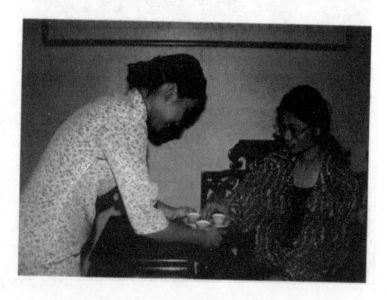

图 37A　端杯奉茶时，由客人自取。

起立站在原位，端起奉茶盘请客人端茶，不必离席。但如果大家是采"分坐式"，泡茶者就必须端着奉茶盘到每位客人面前奉茶。奉茶时是由客人自行端取，尽量减少奉茶者接触到杯口的机会（图37A）。客人端走一个杯子后，应考虑到盘子上杯子摆放的美感与下一位客人端取的方便性，需要时可以在离开客人后将杯位整理一下。

第二道以后，客人继续使用原来的杯子，泡茶者将泡好的茶倒于盅内，在促膝而坐的场合，直接持盅将茶倒于客人的杯内，在分坐式的场合，将茶盅放于奉茶盘上，并备一条茶巾，端着奉茶盘出去奉茶。倒完茶，若有茶汤从盅嘴滴下，可将茶盅在茶巾上沾一下，若倒茶时有茶水滴落到客人的桌面上，拿茶巾沾干。

奉茶盘摆放与使用时，若盘子有明显的方向性，如盘面有一幅画，让正面朝向自己（图38）；若盘子无方向性，但盘缘有镶边，镶边的接缝点应让其朝向自己（图39），也就是让完整的一面向着客人。杯子若有方向性，如杯面画有图案，使用时，不论放在操作台上或是摆在奉茶盘上，都让正面朝向客人（图40）。客人端起杯子后，一面欣赏茶汤的颜色，一面将正面调向外方，此后闻香、品饮以及将杯子送回泡茶者，都是正面朝向前方。

第二道以后的奉茶，唯恐有人未将茶汤全部喝完，可备一只小水盂，遇到对方杯子尚留有茶汤时，问他："还要喝一杯茶吗?"如果他说不要了，就不要再倒茶给他，如果他说还要，就将他杯内剩下的茶汤倒入水盂，然后再为他斟上一杯新茶（图41）。如果是大家围坐在一张桌子上泡茶、喝茶，而且桌上就有水盂，上述的情形就是直接将剩下的茶汤倒入水盂，但周到的客人可以自行先将杯子清理干净。

奉茶时要为泡茶者自己也留一杯，"端杯奉茶"时是等奉完

图38　有方向性的奉茶盘，让正面朝向自己。

图39　奉茶盘的镶边上有一处接点，让这接点朝向自己。

图40　有方向性的杯子，让正面朝前。

图41　奉第二道以后的茶，备只小水盂。

茶回座后，径自奉茶盘上端杯饮用，然后才将杯子放于泡茶席适当的地方。"持盅奉茶"时是等奉完茶回座位后，放下奉茶盘，将茶巾归位，持茶盅为自己倒一杯，然后将茶盅放回泡茶席原来的地方。为什么泡茶者自己也要有茶喝呢？因为这样才知道茶泡好了没有？有什么缺点才能及时改进，而且泡茶者与品饮者是平等的，大家"一饮同心"。有些泡茶者担心茶是不是泡好了，分茶之前可以先行倒一些试喝，太淡时将茶汤倒回去再浸泡一下，太浓时倒一些白开水稀释。这时的试饮茶只能倒少少的，等奉茶时才依常规倒满。

品　饮

　　客人端杯时，小杯单手端取（图42），大杯（如盖碗）双手端取（图43），杯子配有杯托时，连同杯托一起端起来。

　　端过杯子，将杯子连同杯托交给左手（惯用左手者则对调之），先观赏汤色之美，再从杯托上端取杯子闻香，这时若发现温度太高，将杯子连同杯托移放桌上，等温度稍降后，再取杯饮用。品饮的时候可只取杯，也可以连同杯托一起端取（图44），前者轻松，后者正式，根据品饮的场合而定。

图42　小杯子时，单手端取。附杯托时，连同杯托端之。

图43　大杯子时，双手端取。附杯托时，连同杯托端之。

图44　连同杯托一起端起饮用。

图44A　将闻香杯的茶倒至品饮杯内。

　　品饮时很自然地分数口将茶喝掉，茶在口里，用心体会一下茶香、茶味的各种成分与感觉，只要有这份关注，自然显现在外的就不是囫囵吞枣。有些人看到评茶师在评茶时会先含半口茶汤，然后微启嘴唇用力吸两口气，发出丝丝声响，让茶汤瞬间分散到口腔各部分，利用口腔各部位对香味不同的灵敏度，体认茶汤的各种品质特性，同时，吸气时可以把香气带出，使其往上窜升，冲上上颚，达于鼻腔，这是辨别香气的最佳方式。但是平日品饮茶汤时不能如此有若"法官"般地相待，应该是接纳、享受与欣赏的态度，但可借用上述评茶上的要领，让自己喝茶时体会得更多。

　　泡茶者奉完茶，可以由主人或主客带头，大家一起端杯品饮，不一定要有口头上的邀请。若人数众多，或非"数人视为一体"的场合，可以在被奉完茶后个别饮用。被奉了茶，应该在最适当的温度下品饮完毕，不应有剩余的茶汤留到下一回的奉茶，如果自己不想再喝，奉茶时就要说明清楚。如果杯内留有茶渣，量少时，喝完茶汤用纸巾擦掉，量多时，留在杯底，让奉茶者在奉下一道茶时，将之倒掉，如果大家促膝而坐，茶席上就有水盂或排渣孔，应自行将之处理。

喝完最后一道茶，如果杯上留有口红，可自行用纸巾擦拭一下。如果饮用的是末茶，杯内难免沾有茶末，这时泡茶者或许会奉上一道白开水让大家把杯子涮一下，涮过杯子的水就当作欣赏"空白之美"般地喝掉。如果泡茶者没有这道动作，客人可以主动要求，因为这是客人表示珍惜之意，主人反而不好意思太强调。

品饮时有人使用两个杯子，一个叫"闻香杯"，专司闻香，一个叫"品饮杯"，专司饮茶。供茶时是将空白品饮杯先行奉至客人桌上，将泡好的茶汤分倒于闻香杯，端闻香杯奉茶。客人接过闻香杯，将茶倒至品饮杯内（图44A），持闻香杯欣赏留在杯内的茶香（称为杯底香），再持品饮杯品饮茶汤。第二道以后的奉茶也是将茶倒于闻香杯内，被奉者再将之倒于品饮杯。这种供茶法的烫杯通常只是在泡茶席上烫闻香杯，若遇天冷，尚需将品饮杯也烫过，则在泡茶席上倒入热开水，奉上空白品饮杯，侍奉上装有茶汤的闻香杯时，备一只小水盂将品饮杯中的水倒掉。

品泉与空白之美的应用

　　泡茶用水是表现茶汤品质很重要的因素之一，而且水的本身也是可以品尝的对象，所以品茗过程中常加入品泉的项目，也就是喝了数道茶之后，请大家喝一杯白水，这时这杯水会显得特别甘美，刚才喝过的茶味也会再度被衬托出来，是"空白之美"很好的应用。

图45　欣赏焚香时的"烟景"。

应用之道是将泡茶用水倒入盅内，持盅分倒于每人杯内，第一杯难免会混杂有刚才茶汤的滋味，如果时间允许，再度奉上一杯。备水入盅时不妨先将盅冲洗一次，而且让水温变得温温然即可。如果煮水壶内的水温太高，可调些干净的冷水。品泉过后最好再喝一道茶，这样味觉上"起承转合"的效果表现得最佳。

　　品茗间空白之美的应用除"品泉"之外尚可听一段音乐、看一两幅画、欣赏一炉香（图45），或静坐片刻。其中赏画与赏香可以换个地方实施，结束后再回来继续喝茶。由于只是品茗期间的空白之美，所以不论什么项目都不宜太长。

茶食与茶餐

　　茶食是品茗间搭配的小点心，茶餐是与茶会搭配的餐食。茶食一般都在茶会的下半场才供应，目的是让前半场专心品茗，不要有其他的事务干扰，后半场可能肚子有点饿了，而且可以借茶食增加一些变化。茶餐就是三餐之一，与破晓茶会、清晨茶会搭配的是早餐，与正午茶会搭配的是午餐，与夜晚茶会搭配的是晚餐。

　　日本"抹茶道"在喝末茶之前会请客人吃一小块甜点，因为这样更易衬托出绿末茶的风味，因而相因成习，变成了抹茶道的规矩，但以壶泡饮的煎茶道这些年已改成在喝第二杯茶汤之前才吃茶食。

　　茶食一般避免味道太重，如太咸、太甜、太酸、太辣都会影响对茶味的欣赏。一口就能放进口里，无须分口咬食的茶食比较不会有碎屑掉落，食后无须吐渣的茶食也是正式茶会上较受欢迎的食品。供应茶食时应同时供应餐巾（或自备），以便食后擦手拭嘴，否则接下来喝茶时容易污染茶杯与茶汤。

　　与茶会搭配的餐食一般要求精俭，菜式不要太多太奢，毕竟主体还是茶会而不是餐会。饭菜的供应与享用也要求秩序、美感与无浪费。这样的茶餐有人沿用禅宗的用语，称为"怀石"。茶会若包含有茶餐，应于邀请时告知与会者，因为这样的茶会，所需时间会较长。

　　茶食、茶餐与茶料理不同，茶食只是表示在喝茶间食用的小食品，茶餐只是表示配合茶会而供应的早、午、晚餐，但茶料理是指以茶为原料、为佐料制成的食品或菜肴。有人将后者称为茶菜、茶肴或茶食品。

去　渣

　　"小壶茶"一壶能泡几道、应泡几道？通常小壶茶能泡五六泡，除非茶量放得特别多或特别少，但原则上以泡至味道变淡为止。至于一次茶会应泡几道，应视茶会原先安排的时间而定，若这次茶会只许喝三道茶，那茶叶就不要放太多，若这次茶会包括品泉、吃茶食、欣赏音乐，那一壶茶势必不够，这时就得安排泡第二壶。

　　结束茶会前或是再继续泡第二壶茶，要不要当场"去渣"呢？这要看这次茶会是偏重于茶道精神的表现还是偏重于大家的联谊。如果是前者，不妨连同茶具使用后的初步处理都当场做完，表现茶道有始有终，也表示收拾残局的重要与耐心。但若是联谊性的茶会或茶会的重点在评茶、在赏画、在庆祝某件事，就可将去渣省略，留待茶会结束后，并入茶具的清理工作。

　　"去渣"是泡完茶后，将壶、盅清洗干净的动作。首先是把泡过的茶叶从壶内清出，使用的工具称为"渣匙"。茶叶直接放入茶车的排渣孔或操作台的水盂内，清理时尽可能去干净，免得稍后涮壶时一次无法将壶冲洗干净。持渣匙去渣时，以拿餐刀的手法较易使力（图46A），这与置茶时，持渣匙拨茶入壶的拿法不同，拨茶入壶是以拿笔的方式较方便（图46B）。

　　清理完茶叶，先在壶外淋一圈水，将壶表冲干净，接着在壶

图 46A　去渣时，以拿餐刀的手法。

图 46B　置茶时，以拿笔的手法。

内冲半壶水，以惯用的一只手提起茶壶，以绕圆圈的方式使水在壶内打转，然后翻转壶身，使壶底朝上，让旋动的水将壶内细碎的茶渣一并带出（图47），倒至茶船或水盂内。随后在茶船上漂洗壶盖与渣匙，并利用渣匙将船内的细渣集中到稍后持茶船倾倒茶水时的出口一方（图48），这样才容易一次将茶船清理干净。若所使用的茶船无法容下半壶的茶水，涮壶的水就得倒入水盂内，那时壶盖与渣匙若有碎渣需要清理，倒掉涮壶水之前，先存壶内涮掉渣匙的碎渣，再倒些水冲净壶盖。

图 47　涮壶。

图 48　持渣匙将茶渣集中在茶船的一端。

　　上述涮壶时，为什么要强调倒半壶的水呢？因为如果水倒得太多，不容易使水在壶内旋转，这样就不容易把壶内的碎渣一次冲洗出来。

　　渣匙清洗干净后要用茶巾擦干，但壶盖清洗后不必在茶巾上沾干，直接盖回壶上即可。检查一下茶盅还剩有茶汤否，有的话

图49 去渣完毕，以茶巾擦干茶具底部与桌面。

倒到杯内喝掉，没有，冲点水涮一下，然后倒掉。一切清理干净，用茶巾将茶具底部与桌面有水的地方擦干（图49），结束这段操作。

以上是茶席上清理壶具的一种方法，如何有条不紊而且有效地将各项动作做完是应该下一番功夫研究与练习的，由于每人使用的茶具与茶席设备不一，方法与动作无法一致，也无须一致。

观叶底

以深入了解茶况的心情品茗时，在泡完茶、去渣之前可以增加一项"赏叶底"，即观看被泡开的茶叶。茶叶浸泡过后，等于赤裸裸地展现给大家看：茶青的老嫩、发酵的程度、萎凋有无缺失、焙火情形、原料曾否受伤、有无不良"拼配"……所以在泡完茶后，可使用"去渣"的手法挑一些茶叶到茶船上，再淋一些水，让茶叶漂浮在上面，就这样传递给客人欣赏（图50A、50B），观赏的人可以用手拿起茶叶来看，也可以将叶子进一步摊开欣赏。

赏完叶底，把茶船送回操作台上，泡茶者继续将茶叶去除干净，完成"去"渣的动作。

有些人或许认为品茗无须看得那么多，但我们认为这是坦诚相待的一种做法，从赏茶起，我们就主张由泡茶者或主人主动介绍这种茶的来历，增进客人对这泡茶的品赏能力，而不是以"考"的心态对待客人。再说，这个步骤也是评茶、赏茶很重要的一环，从一开始的赏茶、闻香、观色、尝味，到最后的赏叶底，可以全面地、客观地、充分地了解与欣赏一壶茶。如果你还是认为应该为茶保留一点或是认为这样做时间拖得太长，当然可以省略。

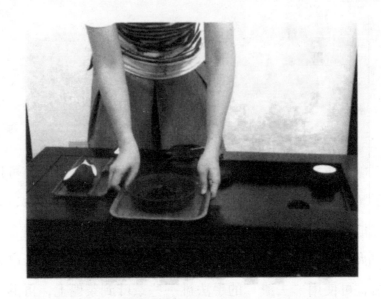

图 50A、50B　赏叶底

赏　壶

　　如果是一把有理由让大家欣赏的壶，泡完茶后可以让大家欣赏、把玩一番。什么是让大家赏壶的理由呢？例如这是一把古壶，为让大家了解什么朝代的壶长成什么样子，例如这是一把名家壶，很有欣赏的艺术性；例如这是一把大家都熟识的朋友制作的壶，或许作者就在座上，当然要把这份喜悦与大家分享；例如今天的

图 51　赏壶

茶会是为纪念某人而设，这把壶是他生前最爱使用的一把，甚至就是他的遗作，哪有比欣赏这把壶更富意义、更感人的呢？"赏壶"可以由泡茶者或主人主动提示，也可以由客人要求，例如有

人知道这次主人用来泡茶的壶是一把珍品，但主人又一直不提，客人在主人去完渣之时就可以提出赏壶的要求，而且将所知道的信息提供出来，并请主人加以补充。另外一种情形是泡茶者使用的就是自己制作的壶具，他当然不好意思要大家欣赏，这时若有人知道，应主动告诉大家，并要求欣赏。

赏壶时可在奉茶盘上铺一块厚一点的布，把清理妥的壶与盖分别放在上面，就这样传递给客人欣赏（图51）。客人欣赏时也是壶、盖分别为之，看完放回奉茶盘上，不要以任何物品敲击，如果手上带有锐角的首饰、带链的手环，最好先行取下，如果穿了宽袖口的衣服，用带子扎妥。

清　盅

　　如果你继续使用原茶具冲泡下一种茶，最后还要做清盅的动作。检查茶盅，喝完剩余的茶汤，打开盅盖，取出盅口的滤网倒置于茶巾上面（图51A），提水壶倒入半盅的热水，盖上盅盖。右手拇指、食指从两侧夹起滤网，左手拇指、食指捏住滤网的边缘一角（图51B），移至排水孔或水盂的上方，右手持盅将滤网从底

图51A　清盅时先取出滤网，倒置于茶巾上。

面冲洗干净（图51C）。滤网与盅同时回到放置茶盅的地方，右手打开盅盖暂时提在手上，左手将滤网放回盅口（图51D），右手

图 51B　右手将滤网从茶巾上拾起交给左手。

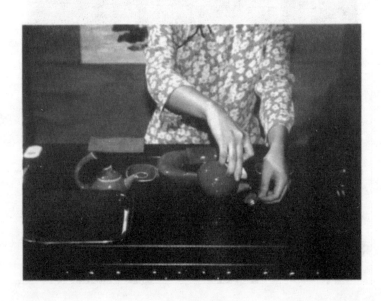

图 51C　冲洗滤网。

图 51D　将冲洗过的滤网放回盅口上。

随即盖上盅盖。

　　如果还要继续使用原来的杯子，原来的杯子也尚未以"品泉"的方式清理过，可利用"清盅"的机会一起从事"清杯"。这时在倒水入盅时要多加一些水，冲洗完滤网后，留半盅水，在清盅完毕盖上盅盖后，以"持盅奉茶"的方式于每个杯子内倒入半杯热水，请客人"品泉"。

泡第二种茶

　　如果主人还想泡第二种茶招待大家，而且时间也允许，这时要依所泡的茶决定使用同一把壶，或是另行换一把不同质地的壶，因为不同的茶性是需要不同质地的壶来表现的。如果无须改变壶质，但刚才那把壶已被传递欣赏过，还是换一把壶为佳，不论是卫生上的问题还是新鲜感。

图52　客人送回杯子时，从奉茶盘的里面放起。

　　杯子更不更换都可以，更换时要主动将客人的杯子收回；不更换时，可以在上一壶茶的最后安排一次"品泉"，以便把杯子的旧味道清掉，口腔味觉也有个转换的空间。泡茶者收杯子时，由客人主动将自己用过的杯子送回奉茶盘上，而且先送回者往奉茶盘的里面先放，外面的位置留给后面的人（图52）。客人在送回杯子的同时，向泡茶者说声谢谢或行礼致意。

如果连杯子都更换，则一切从头开始，如果杯子不更换，则第一道茶的分茶就直接持茶盅奉茶。

结　束

　　如果主人认为茶会应行结束，将壶具收拾好，操作台上的各项用具归位，煮水器的热源关闭。客人看到这里，应该意会到茶会即将结束，这时应由主客带头，将杯子送回操作台上的奉茶盘上。也是先送回者往里面先放，外面留给后放的人，泡茶者就坐在泡茶席上接受行礼致谢。等大家都把杯子送回，整理一下杯位，检查茶盅是否还剩有茶汤，如果有，倒在自己的杯内喝掉。回味一下刚才茶会的情境，一股依依之情油然而生。喝完剩余的茶汤，将自己的一杯也放回奉茶盘，结束全部的泡茶、品饮过程。

　　如果在座的是以长辈为主的客人，收拾完壶具、整理完操作台，客人未能及时送回杯子，可由泡茶者主动前往收杯。手持奉茶盘，由客人将杯子放回奉茶盘上。如客人未能将杯子往内放，泡茶者可自行调整。

　　上述所说的"收拾壶具"包括下列四种状况：一是不去渣、不观叶底，也不赏壶，只是把壶放在定位，检查茶盅，若剩有茶汤将之喝掉，茶巾放回茶巾盘上，关掉煮水器的热源。二是观赏完叶底后不去渣，也不赏壶，这时将观叶底的茶船清理干净，把壶放回茶船，检查茶盅，放回茶巾，关掉煮水器。三是以赏壶为结束点，这时不论观叶底与否，都必须做完去渣，赏壶完毕，将壶归位，检查茶盅，放回茶巾，关掉煮水器。四是虽然不赏壶，但为强调收拾残局的重要性，于是在席上做完去渣的动作，再整理操作台，结束泡茶。

主人与泡茶者

　　主人亲自泡茶招待客人，这是最高的礼节，若主人不善泡茶，可邀请别人协助泡茶。邀请别人协助泡茶时，主人当然应该在场，并协助招呼客人。若主人行动无任何障碍，第一道茶可由主人亲自奉茶，其他的才由泡茶者代劳。若泡茶者是女主人，第一道茶是否要由男主人奉，应视实际状况而定。

泡茶者与助手

　　正式茶会或人多的茶会，泡茶者可邀请一位助手协助，助手的位置在主泡者的一侧，或左或右，依茶席的需要而定（图53）。协助的项目包括整理环境、准备茶具、茶食、茶餐。供茶服务时，除第一道茶由泡茶者供奉外，其他供茶、奉茶食等可由助手代劳。

　　若是主人邀请泡茶者与助手，那"赏茶"与"闻香"由泡茶者供奉，第一道茶由主人供奉，第二道茶由泡茶者供奉，其他供奉项目由助手为之。

图53　茶会上的茶席安排一位助手。

第七章
茶道养生的技巧

入静的功法

通常所说的茶道养生，实际上已融入了茶人的日常生活中。你什么也不用想，也不用刻意强求，只要轻轻松松地按照自己的爱好，每日泡好一壶茶，欣赏一壶茶，享受一壶茶，积以时日，自见成效。但是，如果你有兴趣并且有毅力按照本章中介绍的功法，选一套茶艺勤加练习，那么养身和养心的效果一定会更加显著。

"入静"是中国养生学各流派功法的基础，茶道养生自然也不例外。"静坐观众妙，端居味太和。闲居草木侍，宴坐古今趋。山静似太古，日长如小年"。无论是道家还是佛家都认为要想长生久视，返璞归真，首先要做到虚极静笃。现代的医学研究也证明，人体放松入静后，大脑排除了一切杂念，高度宁静，可促使大脑细胞消除疲劳。在不受人的意识思维干扰时，人身的各器官能更协调地工作，以保证人体组织内的激素浓度，从而保证身体健康并延缓衰老。

如何入静呢？佛教道教各有妙法。本节中我们取其精华，按照"大道至简"的原则，整理成易于掌握的程序供修习茶道用。

一、调身

调身是指泡茶、品茶前，首先调整好身体的姿势，使其放松、自然、舒适，为进一步调心、调息、入静打好基础。

　　茶道调身一般采取"坐山式"，因为这样坐便于泡茶。坐时座椅面或凳面的1/3～1/2，臀部宜向后稍稍凸出，使脊椎骨直立且自然放松，全脚掌着地，两足与肩等宽，脚尖略微向外，上体端正自然，头正，后脑稍微向后放，头顶百会穴与会阴穴成一垂直线，双目平视或微闭，膝关节自然弯曲，双手搭放在双腿或在小腹丹田处结定印。

　　调身的关键词是"放松"：入座前要放宽裤带，解下领带，放松鞋带，使全身血脉流通无滞碍。坐下后在保持良好坐姿的同时肌肉要放松，关节要放松，心情要放松，脸部表情要放松，五脏六腑通通都要放松，连舌头都要很放松地轻抵上腭，以便阴阳交替，接通任督二脉，为调心、调息做好准备。

二、调心

调心即排除心中的杂念，让经常躁动不安的心平静下来。道家认为调心就是"清其心源，静其气海。心源清则外物不能扰，故情定而神明生焉。气海净则邪欲不能干，故精全而腹实焉"。可见调心十分重要。人生活在这个世界上，一直习惯于用脑想事，心念生灭不停，佛教称之为"心猿意马"。如何调心呢？道家常用"黄帝内视法"，佛教常用"系像守境止法"。

黄帝内视法属于静功存想法，这种方法是通过"存想"和"迎气"来摄目收心。据《孙真人备急千金要方·养性》介绍："常当习黄帝内视法，存想思念，令见五脏如悬磬，五色了了分明，勿辍也。"也就是说，在我们坐定后，把思想集中于观照自己体内的五脏六腑，不去想身外之物和身外之事。"迎气"是"心眼观气，上入顶门，下达涌泉，旦旦如此，名曰迎气"。同时"以鼻引气，口吐气，小微吐之，不得开口。复欲得出气少，入气多，每欲食，送气入腹"。通过这样的反复练习可达到"止念调心"的目的。

"系像守境止法"是把心念专注地系守于身体内部或外部的某一物，使心念能专注而不令驰荡。按佛教的话讲是系心于一种因像对象，使心安止于这个因像，从而不妄起杂念。这种方法也称为"意守法"。

意守法的优点是"一念代万念"，强制自己的意识在杂乱而活跃的状态中缩小范围，集中到一点，逐步排除杂念，忘却客观世界，最终再忘却主观世界，做到物我两忘，虚静纯笃。意守法通常习惯于意守丹田，在意守时不可太拘泥，太执着。比如你决定用意守下丹田，意守下腹部脐中周围即可，不必执着于下丹田穴位究竟在某一点。守得太死，容易造成精神紧张。古人的经验是：不可用心守，不可无意守，要似守非守，绵绵若存，顺其自然，体内真气才能发动。

调心的方法还有很多，如心斋、坐忘、数息、默念等，我们主张择一而从，坚持不懈。

三、调息

"调息"，就是运用意识调整呼吸，以改变常态呼吸时的不良习惯，如"风相""喘相""气相"，养成柔和匀细对品茗和养生有利的"息相"呼吸。

所谓"风相"是呼吸急促有声；所谓"喘相"是气流不畅；所谓"气相"是呼吸不够均匀、绵长、柔和；所谓"息相"是指呼吸不急促、不粗糙、不滞涩、不中断，而且呼吸时心平气和，全身心充分放松，吸气绵绵，呼气微微，意随气行，神息相依，这样的呼吸最有利于健康。呼吸的方式主要有以下几种：

（1）自然呼吸法

自然呼吸法是指人们平静时的习惯呼吸法，有鼻呼鼻吸法、鼻吸口呼法、胸式呼吸法、混合呼吸法等。初学调息者可选用自然呼吸法，所要注意的是在练习过程中，要全身放松，下意识地做到呼吸柔和、匀细、舒畅。

（2）深息法

深息法是在自然呼吸法的基础上，逐步加大一次吸气和呼气的量，做到呼吸深长、缓慢。常人的呼吸频率为每分钟 15～18 次，而修炼有素的人，每分钟仅需要呼吸 2～3 次。

（3）腹式呼吸法

腹式呼吸法是通过腹部肌肉的一鼓一缩来吸气和呼气。运用这种呼吸法时，由于横膈肌要用力上下活动，所以对腹腔内脏器有按摩作用，对肠胃和整个消化系统都有显著的保健功效。腹式呼吸法最适合于鼻吸鼻呼。

（4）胎息法

胎息法脱胎于老子"专气致柔，能婴儿乎"的理论，通过长期持之以恒地修炼，使呼吸的频率降到最低限度，并使呼吸绵细到人难觉察，好像呼吸停止了，道教称之为"止息"。达到这种境界时，人体内的元气与宇宙信息自由沟通，能极大地激发人体潜能。

佛教与道教的调息法是茶道养生功法的重要内容，所以下一节还将具体介绍。

气功导引的功法

　　我国古代养生家认为，气是宇宙的本体，是物质、功能、信息三者的综合。佛祖曾说："人的寿命就在呼吸之间。"传统医学也认为"人在气中，气在人中"，呼吸是生命力的表现。现代医学研究成果揭示了正确的呼吸方法可使人变年轻。日本体力医学会健康科学顾问，日本康复学会临床认定医生福田千晶女士著有《呼吸法健康术》。南怀瑾先生在《静坐修道与长生不老》中也有关于呼吸法的精辟论述。不过，对于茶道养生而言，我最推崇一行禅师把意念与呼吸完美地结合在一起，既简便易行，又富有情趣的有意识呼吸功法。特此介绍两种：

一、随息

　　吸进来，我身心安爽，

　　呼出去，我面带微笑。

　　安住于当下一刻吧，

　　这一刻多美好！

　　吸入，我在吸入。

　　呼出，我在呼出。

　　吸入，深深吸入。

　　呼出，缓缓呼出。

吸入，我宁静。

呼出，我轻安。

吸入，我微笑。

呼出，我自在。

吸入，当下一刻。

呼出，美妙一刻。

安住于当下一刻吧。

这一刻多美好！

一行禅师认为，在忙碌的社会中，清醒地呼吸是巨大的财富，它能使身心变得专注、喜悦和舒畅。在开始泡茶之前，我们可以把一行禅师的诗先背熟，然后安坐下来，心中念念有词，默诵着诗，然后意念随着呼吸走，直到进入平和、禅定的状态。

二、吸！你活着

佛陀在《安般守意经》中为天下有情众生提供了 16 种帮助有意识呼吸的方法，一行禅师还推荐了安娜贝尔·勒提的一种呼吸法作为《安般守意经》的注释。

呼吸，你知道你活动。

呼吸，你知道一切都在帮助你。

呼吸，你知道你就是这个世界。

呼吸，你知道花儿也在呼吸。

呼吸，为你自己，也为这个世界。

吸进悲悯，呼出喜悦。

呼吸，你与你所呼吸的空气成为一体。

呼吸，你与你那流动的江河成为一体。

呼吸，你与你脚下的大地成为一体。

呼吸，你与那燃烧着的火焰成为一体。

呼吸，你冲破了生死观念。

呼吸，你看到无常就是生命。

呼吸，为了让你的喜悦坚定祥和。

呼吸，为了让你的忧愁流走消逝。

呼吸，为了更新你血液中的每一个细胞。

呼吸，为了净化你意识的深处。

呼吸，你安住于此时此地。

呼吸，你所感触到的一切都变得崭新而真实。

对于有意识呼吸法的好处，一行禅师做了详细的说明。他说：
"有意识呼吸的第一个效果是回归我们自身。在日常生活中，
我们经常处于失念状态。我们的心追逐着成千上万的事物，我们
很少花时间来回归自我。我们这样持续地失念了很长一段时间以
后，我们就失去了与自身的联系，感到与自己疏远了，这种现象
在我们这个时代是很普遍的。有意识的呼吸是一种回归自身的奇
妙的方法。当我们感觉到自己的呼吸时，我们马上就能够回归自
身，快如闪电，就像一个孩子在长途跋涉后回到家一样，我们感
到了家庭的温暖，并且重新找到了自我。在修行的道路上，能够
回归自身已经是一个显著的成功。

有意识呼吸的第二个效果是我们感受到了当下的生命。当下

是我们唯一能够体会生命的时刻。我们身心内部和周围的生活是丰富多彩的。如果我们不自在，我们就无法体会到这一点，也就不能够真正地过好我们的生活。我们不应该把自己囚禁在对过去的悔恨和对未来的焦虑以及对现在的贪婪或厌倦中。"

武夷留春茶

　　自古"茶禅一味"。修习茶道与修禅一样，当我们暂时放下繁忙的工作，暂时忘掉一切尘世俗事，坐在茶室中准备泡茶、赏茶、享受茶时，你可以关掉电视，点燃一支香，让自己全身心放松并面带微笑，心怀喜悦，按照一行禅师的功法练习呼吸。当你随着有意识的呼吸心中充满欢喜和禅悦后再开始泡茶，那么茶中融进了你心灵的芬芳，滋味一定更美妙，养生的功效也一定更显著。

　　武夷山是道教名山，是道家三十六洞天中的第十六洞天，称为升真元化洞天。相传唐朝吕洞宾曾在武夷山修炼过，宋代道教南宗五祖之首白玉蟾在武夷山修炼了几十年，留下了碧霄洞、止止庵等遗迹，同时也为后人留下了延年益寿的《玉蟾神功》。

　　道教是我国土生土长的宗教，他有一个显著的特征，即非常重视生命的价值，强调贵生、乐生、养生，追求通过顺应自然的修炼达到长生久视。对于品茶，白玉蟾在《咏茶》一词中写得非常明白："汲新泉，烹活火，试将来。放下兔毫瓯子，滋味舌端回。唤醒青州从事，战退睡魔百万，梦不到阳台。两腋清风起，我欲上蓬莱。"从词中可见白玉蟾在品茗时怡然自得、飘然欲仙的酣畅神态。道家正是在品茗中去追求超然出世、羽化升天的境界。武夷留春茶茶艺是笔者在武夷山修习茶道时根据吕洞宾《秘传正阳真人灵宝毕法》等养生真诀，结合《玉蟾神功》，把道家玄妙的丹道之术与茶的保健功效相结合而创编的工夫茶茶艺，这套茶艺，我已试练了 8 年，自感效果很好，今修改补充后献给读者。

一、器具组合

每人酒精炉具或电随手泡一套，三才杯一套，玻璃公道杯一个，白瓷品茗杯一个，圆形双层瓷茶盘一个，水盂一个，竹制茶道具一套，茶巾一条，乌龙茶（大红袍或铁观音）5~7 克，茶荷一个。

二、基本程序

1. 静心——抱元守一；　　2. 候汤——鸣击天鼓；

3. 涤器——烫杯温鼎；　　4. 投茶——瑞草入瓯；

5. 摇茶——灵丹受热；　　6. 干闻——抱月升空；

7. 开汤——倾注玉液；　　8. 刮沫——风吹浮云；

9. 洗茶——雨润仙草；　　10. 烫杯——仙子沐淋；

11. 二冲——重洗仙颜；　　12. 闷茶——乾坤交泰；

13. 闻香——餐霞服气；　　14. 斟茶——玉池水涨；

15. 赏色——春意无边；　　16. 品茶——涤心洗髓；

17. 回味——金液还丹；　　18. 谢茶——归根复命。

三、功法说明

第一道程序："抱元守一"

抱元守一是道教静心养气之法，也称为"抱元神，守真一"。《百字碑》载有吕洞宾的口诀"缄舌静，抱神定"。这是品茶前的入静。按照上一章"调身"的方法坐稳后，用舌尖轻抵上腭，接通任督两脉，然后息心宁神，意守丹田，做到抱元则气不散，守一则神不出。气定神闲地开始泡茶。

第二道程序："鸣击天鼓"

把泉水倒入壶中煮沸，等候水开的过程称之为"候汤"。在候汤时双掌用力相互摩擦，发热后用双掌横向分别按住双耳，掌根向前，五指向后。以食、中、无名指叩击枕部三下后，双手掌骤离耳部为 1 次。如此重复 10～12 次，称为"鸣击天鼓"。此法有激活神经、保护大脑、调节全身功能的作用。用手心按摩耳廓，可调节内分泌；反复震荡两耳鼓膜，能增强听力；弹震后脑壳，能安神益脑，增强记忆，预防耳聋、头痛及老年痴呆症。

鸣击天鼓后，可放松地按顺时针、逆时针方向转头各 9 次，转头时尽量伸长脖子。

第三道程序："烫杯温鼎"

道家无论修炼内丹还是外丹，都把炼器称为鼎。这道程序即烫洗三才杯。三才杯烫得越热，泡茶的效果越好。

第四道程序："瑞草入瓯"

瑞草即仙草，古人把茶称为"瑞草魁"。把茶叶从茶荷中拨入到三才杯称为瑞草入瓯。

第五道程序："灵丹受热"

盖上杯盖后，用右手持杯，在肩上方用力摇动 6~9 下，使热杯中的干茶均匀升温，以利于香气的散发。

第六道程序："抱月升空"

双手把茶杯捧抱在胸前，低头闻茶香并深深吸入香气，边吸气边慢慢抬头挺胸，双手把茶杯托升到眉心。呼气时再放下到胸前，如此三次。呼吸时要尽可能深沉，多吸入茶香，并在心中念念有词：我吸入的是茶的芬芳，呼出的是体内的浊气；我吸入的是春天的气息，呼出的是体内的陈气；我吸入的是天地的灵气，呼出的是体内的俗气。每次呼吸后都要吞咽下一口津液，这样可合肾气、养元气、长真气，久而久之必使人气色润美，肌肤光泽。

第七道程序："倾注玉液"

即开汤泡茶。

第八道程序："风吹浮云"

即用杯盖轻轻刮去冲水时泛在杯面的白色泡沫。"文武之道，一张一弛"。第六、七两道程序都要用力，这一道程序则一定要轻松舒缓，从容不迫。

第九道程序："雨润仙草"

即洗茶。洗茶的动作要轻灵而快捷。冲入开水刮沫后，盖上杯盖，轻轻摇动三下可将头泡茶水用于烫洗公道杯和品茗杯，切忌浸泡太久，导致茶中营养物质大量流失。

第十道程序："仙子沐淋"

用头泡的茶水来烫洗公道杯和品茗杯。

第十一道程序："重洗鲜颜"

即第二次冲入开水。

第十二道程序："乾坤交泰"

即盖杯闷茶。茶人把盖杯称为"三才杯"，杯盖为天，杯托为地，当中的茶杯代表人。天即乾，地即坤，盖上杯盖后称为乾坤交泰，冲泡乌龙茶必须加盖后闷茶1分钟左右，这样才能浸泡出茶的精华。

第十三道程序："餐霞服气"

即开杯闻香。闻香时应将杯盖后沿下压，使前沿翘起，天地人三才不可分离。从杯盖与杯身的缝隙中，水蒸气带着茶香氤氲上升，如云霞升腾。这一次闻香不仅可用鼻子深闻，而且可大口大口地吸入蒸汽和茶香。心中想着自己好像是一位仙人，正坐在高山上，迎着朝阳练功，自在地餐霞服气，以天地间精纯的真气来调养自身元气，达到练气合神，练神还虚，长生久视。

第十四道程序："玉池水涨"

即向品茗杯中斟茶，并把多余的茶汤倾入公道杯备用。同时再三咽下口中的津液。在"餐霞服气"时，茶香会使人满口生津。道家养生理论认为，这是因为闻香调息时肾气与心气相合，故太极生液。这口中的甘津中有真气，真气中有真水，吞咽而下名曰交媾龙虎，经常吞服津液可以滋养真元，延年益寿。吕洞宾在《秘传正阳真人灵宝毕法》中授有口诀："一气初回元运，真阳欲到离宫。提取真龙真虎，玉池春水溶溶。"所以将这道程序称为"玉池水涨"。

第十五道程序："春色无边"

在餐霞服气和玉池水涨这两道要刻意调息的程序后，再完全放松一下自己。通过把玩茶杯，鉴赏汤色，看杯中茶汤的霞光虹影，信马由缰，让思绪飞扬，进一步感到心闲意适，以利于品出茶的真味。

第十六道程序："涤心洗髓"

即品茶。道家品茶不是为了解渴，也不是为了娱乐，而是为了修身养性。品茶既可澡雪心灵，又可以涤净体内新陈代谢所产生的污物，所以被称为"涤心洗髓"。

第十七道程序："金液还丹"

这道程序是巩固并加强品茶的功效。品过茶后口有余甘，齿有余香，舌下生津，神清气爽。这时仍静坐不动，低头曲项，以舌尖抵上腭，自有清甘之液源源而生，味若甘泉，上彻顶门，下通百脉，鼻中自会闻到一种真香，舌端亦生一股奇味，口中之津不漱而咽，下还丹田，道家名曰"金液还丹"。吕洞宾有诀曰："识取五行根蒂，方知春夏秋冬，时饮琼浆数盏，醉归月殿遨游。"口诀的大意是养生须知五行相生相克之理，做到四时有序；琼浆即口中甘津，月殿即丹田；"数盏"及"醉归"均为多吞咽之意。这套茶艺根据道教以液养气、以气养神、以神养精的原理，达到精、气、神俱旺，使人延缓衰老，青春常驻，故名为《留春茶》。

第十八道程序："归根复命"

道家品茶无拘无束，随意随量，兴尽而止，止曰归根。归根复命即在品了几道茶，觉得尽兴后清洗茶具，结束茶事。

六如禅茶

佛祖在《金刚经》的结尾，用一首偈开悟有情众生。偈云："一切有为法，如梦幻泡影，如露又如电，应作如是观。"六如禅茶即遵循佛祖的教喻，用一颗无所往的平常心来泡茶，并在每一道程序中去细心体会活在当下的真切感受。

修习这套功法最重要的一点是，在努力做到物我两忘的同时，自始至终要用意念引导一股真气，像打太极拳一样绵绵不绝，畅通无碍。

一、器皿组合（按二人品茗设计）

烧水器具一套，绿檀木茶盘一个，绿檀木茶道具一套，青花茶荷一个，紫砂水盂一个，佛乐碟片一张，茶巾一条。玻璃杯两只，香炉一个，香三支，插花一组。凤冈富硒富锌有机茶6克。

这套功法亦可选用其他绿茶，但是考虑到国人普遍缺硒和锌这两种微量元素，从养生的角度看，凤冈富硒富锌有机茶是最佳选择。

二、基本程序

1. 焚香礼佛；
2. 吐故纳新；
3. 法海听潮；
4. 法轮常转；
5. 佛祖拈花；
6. 菩萨入狱；

7．漫天法雨；　　　　　8．凤凰涅槃；

9．止观调息；　　　　　10．如人饮水；

11．圆通妙觉；　　　　　12．再吃茶去。

三、功法说明

第一道程序：焚香礼佛

焚香礼佛既是发自内心地对佛祖的尊敬，又是为了营造一个庄严、祥和的品茗气氛。"佛受三炷香"，焚香时要同时点燃三支香，用双手的中指与食指夹住香，用拇指顶住香根，左手在外，右手在内。先把香置于胸前，再缓缓提起，举香齐眉，香头平对着佛像或正前方的虚空（心中有佛即可）。

插香时要用左手，第一支香插在香炉的当中，默念：供养十方三师三宝；第二支香插在右边，默念：供养一生父母师长；第三支香插在左边，默念：供养十万一切众生。插香毕，合掌问讯后再默念：愿此香华云，直达诸佛所。恳求大慈悲，施与众生乐。

焚香礼佛后即可安坐于茶桌前。

第二道程序：吐故纳新

即用气功导引法入静。坐姿含胸拔背，双手在下腹部结定印，眼若垂帘或微闭，舌抵上腭，全身放松，用腹式呼吸。吸气时收缩肛门，提外阴（生殖器），胸部自然舒展，意念中想着外气从鼻、脐及全身毛孔吸入；呼气时放松肛门，外阴。可默念一行禅师的《随息》或《呼吸，你活着》。最好能根据生活的感受，自编一首呼吸诗。

第三道程序：法海听潮

即在烧开水时用心听壶中的水声。佛教认为"一花一世界，一砂一乾坤"，从小中可见大，从水的鼎沸声中，我们可能会有"法海潮音，随机普应"的感悟。

第四道程序：法轮常转

即洗杯。法轮喻指佛法，而佛法就在日常平凡的生活琐事中。洗杯时手法要轻柔，在杯中注入 1/4 杯开水后，杯口斜朝下方并对准水盂，慢慢转动一圈，让水流不断线地从杯口流入水盂。洗杯的目的是使茶杯洁净无尘，修习茶道的目的是使心中洁净无尘。在洗杯时或许会因杯转心动而悟道。

第五道程序：佛祖拈花

佛祖拈花微笑典出于《五灯会元》。据载：世尊在灵山法会上拈花示众，是时众皆默然，惟迦叶尊者领悟了佛旨而破颜微笑。借助"佛祖拈花"这道程序，有客人向客人，没客人向自己展示茶叶。望着手中的一芽茶叶，不知心有什么感悟？

第六道程序：菩萨入狱

这里的菩萨是指地藏王菩萨。据佛典记载：为了救度众生，地藏王菩萨表示："我不下地狱，谁下地狱？""只要地狱尚有一鬼未超度，我便誓不成佛。"投茶入杯，正如菩萨入狱，赴汤蹈火。泡出的茶可振万民精神，恰如菩萨救度众生。

第七道程序：漫天法雨

即向杯中冲入开水。冲水时水壶要提高，水线要细而不断，以利降温。佛法无边，润泽众生，看漫天法雨如醍醐灌顶，可使人清醒，由迷达悟。

第八道程序：凤凰涅槃

在开水的浸润下，茶芽舒展开来，茶的生命复苏后，好像绿精灵，在杯中翩翩起舞，这恰是凤凰涅槃，实现着生命的轮回。

凤冈富硒富锌有机茶属于扁平茶，茶相很美。冲入开水时，茶芽随水浪上下翻腾，如游鱼戏水，如绿蝶翻飞；冲水后，茶芽先是浮在水面，摇摇晃晃，如万笔书天。而后慢慢沉入杯底，立着的如"有位佳人，在水中央"，翘首企盼，楚楚动人。倒下的则像绿色的卧佛，安详而平静。真是佛无所不在。

第九道程序：止观调息

这道程序是闻香，在完成了上述泡茶程序后，应静下心来闻香品茗，闻香时要尽量深呼吸，多吸入茶香，并让茶香直达颅门，反复数次，有益于健康。

第十道程序：如人饮水

这是对茶的感受，也是对禅的感受。品茶参禅都是"如人饮水，冷暖自知"，无须多言。

第十一道程序：圆通妙觉

品绿茶一般要品三道：品第一道茶如品味人生，在苦涩中总能回甘；第二道茶的茶汤更绿，茶香更浓，滋味更醇，品之如品大自然的甘露，从中可品到春天的气息和大自然孕育出的盎然生机；第三道茶淡了，淡淡的，如品佛法的真谛，品后淡定地一笑。正是"有感即通，干杯茶映干杯月；圆通妙觉，万里云托万里天"。

第十二道程序：再吃茶去

饮罢茶要谢茶。我们必须用感恩之心来对待生活。谢茶是为了相约再品茶。"茶禅一味"嘛。茶要常品，禅要长参，性要长养。还是赵州老和尚讲得好："吃茶去！"

普洱岁月

有人曾询问过中国末代皇帝："清代皇帝喝什么茶?"溥仪回答:"夏喝龙井,冬喝普洱。"其实在清代皇宫中,不仅皇帝爱喝普洱,太后、娘娘、格格、阿哥们也都爱喝普洱。慈禧太后更是把喝普洱视为美容养颜的秘方。本节中我们介绍一种普洱茶的功夫喝法。

一、器皿组合

烧水炉具一套,木茶盘一个,宜兴紫砂壶一把,紫檀木茶道具一套,水盂一个,水晶玻璃公道杯一个,茶滤一个,茶巾一条,白瓷或玻璃品茗杯若干个,熟普洱一饼。(以"金达摩"为例)

二、基本程序

1. 马蹄踏月;
2. 古道寻春;
3. 回望旭日;
4. 笑沐春风;
5. 月宫折桂;
6. 洗尽沧桑;
7. 调出陈韵;
8. 品味历史;
9. 气冲牛斗;
10. 赤龙搅海;
11. 把玩茶壶;
12. 清洗茶具。

三、功法说明

在烧开水时,候汤有一段时间,在这段时间里完成1~4道程序，为品茗做好生理和心理的准备。

1. 马蹄踏月

古时普洱茶是由马帮沿着茶马古道运往各地的。这道程序是借鉴"老子按摩养生法"中的"震命门"和叩腰脊的程序，调动意念，心中好像能看到马匹在茶马古道上踏着月光行走，能听到马蹄踏在石板路上发出的清脆的声音。然后双手握空拳，以心中默想的马蹄声为节奏，先以拳眼叩击命门穴（第二腰椎棘突下），并横向两侧肾俞穴（命门穴两旁的二横指处），叩击 30～60 下。然后加快节奏，好像马儿下山时小跑，用拳眼叩击腰脊两侧，从尽可能高的部位开始，逐步向下至骶部。叩击时可配合弯腰挺腰动作，重复做 10～20 次。此功法具有激发肾气、强腰健膝、消除腰椎疲劳的功效。

2. 古道寻春

知识分子是脑力劳动者，工作了一天，一般眼睛都很疲劳。这道程序是借助"运双目"的功法来生发肝气，清肝明目。在完成第一道程序后，端坐凝视，头正腰直，两眼球先顺时针方向缓缓旋转6周，然后瞪眼前视片刻，心中想象着在观赏茶马古道的春色，再逆时针方向如法操作，做3~6次。

3. 回望旭日

双手握拳顶住左右腰眼。腰身坐直，低头慢慢边转头边抬头，从左肩上尽量向后望，心中放大光明，好像回头望旭日东升。头部转回正中，再低头如法向右后望，各做5次。然后以颈椎为轴，慢慢地顺时针、逆时针各转头5圈。此法可疏通脑部经脉，活动颈椎，振奋元阳，生举中气。

4. 笑沐春风

即用福田千晶的"呼吸法健康术"，进行逆腹式呼吸。呼吸时正坐，伸直背部，双手轻松地放在腿上。腹部下凹时胸部扩张吸气；腹部鼓起时呼气，鼻吸鼻呼。进行逆腹式呼吸时，横膈膜有意识地在上下约10厘米的范围内运动。一旦横膈膜运动，内脏也就跟着一起运动，这种运动对内脏是非常有益的刺激，可使内脏功能更活跃，对消化不良者、胃下垂者、便秘者都很有好处，能改善血液循环，且有减肥作用。

完成上述功法后，水已烧开，心已安定，即可开始正式泡茶。

5. 月宫折桂

即从圆圆的普洱饼上，用普洱刀取下一块约5克重的茶备用。茶取下后可欣赏干茶，闻其干香。

6. 洗尽沧桑

无论是自然陈化的干仓普洱，还是人工快速发酵的熟普洱，都经历了岁月沧桑，难免有灰尘污染或微生物污染。在品饮前应用沸水急冲快倾，洗 1 ~ 2 次茶，这样可使茶味更醇，并确保卫生。

7．调出陈韵

陈韵是普洱茶独特的魅力。"陈"是指年代久远，陈是生命的轨迹，是历经沧桑的美感，是生命的积淀。"韵"是言有尽，意无穷，是能引起人心灵畅适的一念。

调出陈韵时应用沸水急冲并浸泡适当的时间后再出汤。出汤时可先用茶滤把茶汤滤到水晶玻璃公道杯中，这样便于观赏普洱茶汤红宝石一样艳丽的颜色。

8．品味历史

品味历史即仔细品味普洱茶每一次冲泡后茶汤滋气味韵的

变化。

　　品味普洱茶，在意念的引导下，你会觉得时光在倒流。头几次泡茶，汤色浓厚，但浓而不苦，浓而不涩，啜之淡定平和，如鹤发童颜的得道老僧。品到七八道之后，茶汤的滋味最醇厚，气感最强，如同人在壮年。品到十几道后，在茶碱、咖啡因的作用下，人的精神特别旺盛，全身的每一个细胞都被茶水激活，好像是回到了青年。再泡下去茶汤越来越淡，同时也越来越纯，清纯如童心，好像回到了童年，这时便可见好就收。

9. 气冲牛斗

品普洱茶与品其他茶类不同。品绿茶重在色、香、味、形；品乌龙茶重在色、香、味、韵；而品普洱不仅重色、香、味、韵，还重滋和气。滋是指每一泡茶水性的变化，气是每一泡茶气感的强弱。所以品普洱时特别要注意大口大口吸入茶香，用自己的意念，吸导茶气上冲脑门，与体内真气融合，做到"以意行气，吸纳茶气，滋养元气"。

10. 赤龙搅海

品普洱最易满口生津，舌底鸣泉。中国古代养生家认为唾液是养生至宝，称之为"玉液"或"神水"。吞咽津液称为"玉液还丹"。现代科学研究表明，唾液确实是宝贵的，除了水分之外，还含有淀粉酶、溶菌酶、乳酸胆铁、黏液蛋白等，具有杀菌、解毒、助消化和抗衰老的功能。

赤龙搅海即通过舌头在口腔内由左向右顺时针方向搅动，并心里想着酸梅、陈醋或意守廉泉穴，以促进唾液的分泌。当口腔中唾液多时，应在意念的引导下，将唾液缓缓吞下，同时以目内视，将唾液送到下丹田。

11. 把玩茶壶

宜兴紫砂壶既是实用茶具，又是极有收藏价值的工艺品。茶人常说："买来的是壶，养过的是宝。"冲泡普洱茶的过程本身就是养壶的过程。紫砂壶有一个特点，它能与人双向感情交流。你越爱它、养它，它就给你越多的回报，变得越来越古雅，越来越漂亮。

在品茗告一段落后，乘着茶壶还很热，应拿在掌中把玩抚摸。

把玩热壶可按摩掌心穴位，增进品茗效果，同时长期把玩抚摸茶壶，壶会泛起宝光，显得如古玉一样温润可爱。

12. 清洗茶具

每次泡茶后，都要养成及时清洗茶具的良好习惯，保持茶具的清洁卫生。

第八章
茶艺大观

待客型花茶

茶道养生也可以通过修习茶艺，在自娱自乐或与朋友同乐中进行。茶艺按照其表现形式可分为生活待客型茶艺、舞台表演型茶艺、企业营销型茶艺和修身养性型茶艺。按照茶艺的主题内容可分为民俗茶艺、文士茶艺、宫廷茶艺和宗教茶艺。本章仅介绍四种简单实用的茶艺。

一、茶具组合

三才杯（即小盖碗）若干只，白瓷茶壶一把，木制茶盘一个，开水壶两把（或随手泡一套），青花茶荷一个，花茶（每人2～3克），茶道具一套，茶巾一条。

二、基本程序

1. 烫杯——春江水暖鸭先知；
2. 赏茶——香花绿叶相扶持；
3. 投茶——落英缤纷玉杯里；
4. 冲水——春潮带雨晚来急；
5. 闷茶——三才化育甘露美；
6. 敬茶——一盏香茗奉知己；
7. 闻香——杯里清香浮情趣；
8. 品茶——舌端甘苦人心底；

9. 回味——茶味人生细品悟；

10. 谢茶——饮罢两腋清风起。

三、解说词

花茶是诗一样的茶，她融茶之韵与花之香于一体，通过"引花香，增茶味"，使花香茶味珠联璧合，相得益彰。从花茶中我们可以品出春天的气息。

花茶是诗一般的茶，所以在冲泡和品饮花茶时也要求有诗一样美的程序，茉莉花茶茶艺共有十道程序。

1. 烫杯——春江水暖鸭先知

"竹外桃花三两枝，春江水暖鸭先知。"这是苏东坡的一句名诗，我们借助这句诗来描述烫杯。请大家充分发挥自己的想象力，看一看经过开水烫洗之后，冒着热气、洁白如玉的茶杯像不像一只只在春江水中游泳的小鸭子。

2. 赏茶——香花绿叶相扶持

赏茶也称为目品，即请大家观赏我们要冲泡的茉莉花茶。

3. 投茶——落英缤纷玉杯里

落英缤纷是晋代文学家陶渊明先生在《桃花源记》中描述的美景，当我们用茶导将花茶从茶荷拨进洁白如玉的茶杯时，花干和茶芽飘然而下，恰似落英缤纷。

4. 冲水——春潮带雨晚来急

冲泡花茶也讲究高冲水，90℃左右的开水从壶中直泻而下，杯中的花茶随水波上下翻滚，恰似春潮带雨晚来急。

5. 闷茶——三才化育甘露美

冲泡花茶一般选用三才杯，这种杯盖代表天，杯托代表地，中间的茶杯代表人。茶人们认为茶是"天涵之、地载之、人育之"的灵物，闷茶的过程象征着"天、地、人"三才合一，共同化育出茶的精华。

6. 敬茶——一盏香茗奉知己

请大家拿到茶杯后，先注意持杯的手势，我们用左手持杯。女士用食指中指托杯，拇指扣住杯托，并舒展开兰花指，这种手法称为"彩凤双飞翼"。而男士则用三指托杯并收好小指，这种持杯手法称为"桃园三结义"。

7. 闻香——杯里清香浮情趣

闻香称为鼻品。可将杯盖的前沿翘起，后沿下压，从开缝中去闻香，闻香时主要看三项指标：一闻香气的纯度；二闻香气的浓郁度；三闻香气的鲜灵度。大家可根据这三项指标细细地闻一闻花茶的茶香，你一定会感到这茶香沁人心脾，使人陶醉。

8. 品茶——舌端甘苦人心底

这是三品花茶的最后一品——口品。品茶时大家要注意将杯盖前沿下压，后沿翘起，从开缝中去品茶。品茶时应该轻轻用口吸气，使茶汤在舌面缓缓流动，让茶汤与味蕾充分接触，然后闭紧嘴巴，用鼻腔呼气，使茶香直灌脑门，只有这样才能充分领略到花茶所特有的"味轻醍醐，香薄兰芷"的花香与茶韵。

9. 回味——茶味人生细品悟

茶人们认为，一杯茶中有人生百味。有的人"啜苦可励志"，有的人"咽甘思报国"。无论茶是苦涩、甘鲜还是平和、醇厚，从一杯茶中茶人们都会有很多的感悟和联想，所以品茶重在回味。

10. 谢茶——饮罢两腋清风起

唐代诗人卢仝在《茶歌》中写出了品茶的绝妙感受，他写道："一碗喉吻润，二碗破孤闷，三碗搜枯肠，惟有文字五千卷。四碗发轻汗，平生不平事，尽向毛孔散。五碗肌骨轻，六碗通仙灵，七碗吃不得也，惟觉两腋习习轻风生。"

茶是祛襟涤滞，致清导和，使人神清气爽、延年益寿的灵物。我们可再品一品杯中的花茶，就能找到卢仝七碗茶后两腋习习清风生的绝妙感受。

慈禧太后美容养颜茶

一、茶具组合

炭炉一个，陶水壶一把，优质普洱一饼，支架一个，宫廷茶具一套，脱胎漆器托盘一个，珍珠粉一瓶，插花一组。

二、基本程序

1. 月宫折桂；　　　　2. 玉泉初沸；

3. 雨润瑞草；　　　　4. 乾坤交泰；

5. 敬奉流霞；　　　　6. 采气调息；

7. 静品玉露；　　　　8. 服食珠粉；

9. 金液还丹。

三、解说词

"春风杨柳万千条，六亿神州尽舜尧。"新中国成立之后，人民当家做了主人，过去只能由帝王后妃独享的一些宫廷养生秘方，如今每一个老百姓都可以尽情享受，如慈禧太后的养颜秘方——普洱珍珠养颜茶。

第一道程序：月宫折桂

配制太后美容养颜茶必须用上好的陈年普洱茶，这里我们选用的是普洱茶珍品"金达摩"。从圆圆的茶饼上取下适量的干茶称之为"月宫折桂"。

第二道程序：玉泉初沸

清代宫廷用的是玉泉山的泉水。这道程序即煮沸壶里的泉水。

第三道程序：雨润瑞草

古人称茶为"瑞草魁"。雨润瑞草即洗茶。在清代宫中，头两道普洱茶是不喝的。陈年普洱一般要洗两遍，意在"洗尽沧桑，调出陈韵"，以便用最精华的第三道茶汤来配制美容养颜茶。

第四道程序：乾坤交泰

第三次冲入开水后，要将杯盖盖好，闷茶3分钟左右。天为乾，地为坤，乾坤交泰，天地相合才能化育出普洱茶的精华。

第五道程序：敬奉流霞

优质陈年普洱茶汤红若宝石，灿若流霞。所以把敬奉茶汤称之为"敬奉流霞"。

第六道程序：采气调息

品饮一般的茶讲究品其色、香、味、韵，而品饮普洱茶重在感悟陈香滋气。采气调息即在品茶前细闻普洱茶的香气。优质普洱茶的茶香有荷香、兰香、生樟香、野樟香、陈香等不同的香型，并富有变化。大口吸入香气，直达丹田，可延年益寿。

第七道程序：静品玉露

静心品饮普洱茶会感到"舌底鸣泉，满口生津"。这甘津中有真气，这时仍然要注意边品茶边调息，以达到滋养真气、美容延寿的功效。

第八道程序：服食珠粉

珍珠粉是名贵的中药材，具有清热、平肝潜阳、明目安神、收敛生肌等功效。服食珍珠粉时应将珠粉倒在舌面，然后用温和的普洱茶汤送下。

第九道程序：金液还丹

服食了珍珠粉后，再品几口普洱茶，你会更真切地感受到口有余甘，齿有余香，舌底鸣泉，满口生津。把津液咽下，道家称为金液还丹，具有养生功效。